抵抗＆コンデンサの適材適所

三宅和司　CQ出版株式会社　2003

著　者　简　介

三宅和司

　　　　1959 年　　生于香川县

　　　　1980 年　　为了读大学到了东京

　　　　　　　　　　读书期间参与了多个计算机软件开发公司的成立活动

　　　　现　在　　从事测量仪器的设计与开发

图解实用电子技术丛书

电子元器件的选择与应用

电阻器与电容器的种类、结构及性能

〔日〕 三宅和司 著

张秀琴 译

科学出版社

北 京

图字：01-2005-1163 号

内 容 简 介

　　本书是"图解实用电子技术丛书"之一。本书主要介绍有关电阻器和电容器的基本知识以及实际应用,内容包括各种类型的固定电阻器的基本知识,可变电阻器以及半固定电阻器的结构和性能,排电阻的结构和性能,以及各种类型的固定电容器的知识,可变电容器及半固定电容器的结构和性能,电阻器和电容器的选材与应用等。为了能够让读者进一步了解选择元件的重要性,作者以切身体会和经历过的失败例子,详细地介绍了失败的原因,在出现故障时所采取的措施以及解决的方法。

　　如果读者在认真地阅读本书过程中汲取其中的精华部分并运用到实际中来,就一定能够正确地选择元件,更好地进行电路设计,吸取教训,不再出现以往曾经出现的错误。

　　本书可供电路设计人员,元器件的设计及研发人员参考,也可以作为相关专业师生的参考书。

图书在版编目(CIP)数据

　　电子元器件的选择与应用/(日)三宅和司著;张秀琴译. —北京:科学出版社,2005 （2023.1重印）

　　(图解实用电子技术丛书)

　　ISBN 978-7-03-016506-0

　　Ⅰ.电… Ⅱ.①三…②张… Ⅲ.①电阻器-基本知识②电容器-基本知识 Ⅳ.①TM54②TM53

　　中国版本图书馆 CIP 数据核字(2005)第 139121 号

责任编辑：杨　凯　崔炳哲／责任制作：魏　谨
责任印制：张　伟／封面设计：李　力
北京东方科龙图文有限公司　制作
http://www.okbook.com.cn

科学出版社 出版
北京东黄城根北街 16 号
邮政编码：100717
http://www.sciencep.com

北京凌奇印刷有限责任公司印刷
科学出版社发行　各地新华书店经销
*
2006年1月第　一　版　　开本：B5(720×1000)
2023年1月第十二次印刷　　印张：11 3/4
字数：217 000

定　价：**39.00 元**

（如有印装质量问题,我社负责调换）

前　言

　　日本很早以前就确立了电子立国的方针，而在 21 世纪的今天，技术的内容正朝着新的方向迈进。

　　以收音机为例，今天许多学生仍在课堂上把成套收音机元件组装起来收听，这种授课方式无论是现在还是以前，都是给学生创造接触电子电路的机会。现在很少有人考虑"如何进一步提高收音机的灵敏度，如果改变元件常数，将会怎么样"等。

　　收音机的基本功能只是收听，与现代的游戏机等相比，收音机缺乏库存管理程序和控制技术。对此，教材用的成套收音机元件也追加了 FM 波段以及定时器等功能。但考虑到该部分难度的增大，将有失败危险的高频部分进行集成或采用 IC 技术进行黑盒子化（black box）。这很容易让人联想到个人计算机的 DIY，不焊接就可以组装。

　　目前收音机的成品比配套元件小得多且价格便宜，出于经济方面的考虑，没有必要特意去购买其他配套元件，或者根据记事本凑齐元件。

　　现在，除去部分尖端技术外，元件全部委托国外生产，而我国（日本）则只是追求应用。但是，这种做法所带来的副作用是使我国的技术人员远离了基础技术，使得电子技术空洞化明显起来。当前，即便是优秀的技术人员，能够真正懂得收音机设计技术的人也不多。收音机设计需要有很强的基础技术能力。每当我到亚洲旅游，或是看到有关科学玩具衰退的文献时，这种想法就变得越发强烈起来。

　　本书是以日本月刊《半导体技术》杂志的 1997 年 6 月特集"电阻器和电容器的选材与应用"为基础编写的。在执笔过程中，作为不是这方面的专家，而仅仅是一个元件的使用者的我感到了不安。但根据读者的要求，重新进行了思考，注意到很多人都想重新了解电路和元件之间的关系。

　　本书第 1 章～第 5 章详细介绍电阻器和电容器的种类，以及选择元件的标准。第 1 章介绍了固定电阻器的 11 种选择标准，以及根据结构所产生的差异,易于读者从种类繁多的电阻器中挑选符合要求的电阻器。此外,还以普通碳膜电阻为出发点,介绍了应用性能不足时应如何选择电阻器。以这种知识为基础,在第 2 章归纳了可变/半固定电阻器特有的选择标准和种类。第 3 章以节省劳动力和高精度化为目的,分别归纳了排电阻的种类。电容器种类比电阻器种类更多,第 4 章中固定电阻器的选择标准有 13 个重点,为了便于选择,整理了与性能关系较大的介质和物理结构。第 5 章以此为基础,介绍了可变/半固定电阻器的特点以及注意事项。

第 6 章和第 7 章以实际例子说明了电阻器和电容器的选材与应用。电阻器列举了 6 个从 LED 亮灯电路到微小光用放大器例子;电容器列举了 7 个从旁路电容器到晶体振荡电路例子。每个例子都依次进行了从电路设计方针开始到选择元件的说明。如果能够汲取这些精华,就可以应用到数十倍的电路中。

最后,在第 8 章中举例说明了错误选择电阻器和电容器所发生的失败例子。虽然感觉不好意思,但是,作为了解选择元件重要性的真实感受,我还是决定将失败的例子写出来供大家参考。

元件的选材应用与事故及灾害有着密切的关系。如果本书能够为进行电路设计、试作各种电路的人们所参考,将感到无比荣幸。

最后,衷心感谢在数次修改中给予帮助的 CQ 出版社相关人员、尤其是负责此项工作的猪之鼻氏,并感谢在写作中给予理解、帮助、并经常鼓励我写作的家人。

目　录

绪　论

0.1　电路图和元件知识

在设计新的电路时,设计者应首先在大脑中描述出想像到的电路图,然后把想像的电路图画在图纸上,进行仔细地推敲。如果设计者不知道实际元件的误差和限制事项,就会形成纸上谈兵的那种电路。

相反,非设计人员在制作电路时,最大的依据就是电路图。

电路图只不过是近似表现目的电路的一种手段,要想让它百分之百地表现出设计意图是不可能的。尤其是在高频及微小信号电路图中,信息量是不够的。

在电路图中难以表现的要素是与封装技术和元件相关的项目。为了充实信息,添加了封装指示图和元件表,要想弄懂其中的含义,也需要具备足够的有关制作电路图方面的知识。

如果因为缺乏元件知识选错了元件,将会发生什么样的情况呢?要想真正地理解它,事例是极为重要的。尽管是一提到失败就不好意思,但是,为了让读者从中吸取教训,还是决定把自己的失败经历讲给大家。

0.2　振荡激光驱动器

现在,CD 及 DVD 等光盘的普及都得益于半导体激光技术。但是,在 20 年前,光电二极管的驱动用 IC 是很少见的,一般是把 OP 放大器和晶体管组合起来构成驱动电路。

0.2.1　APC 电路的功能和动作

与 LED 不同,半导体光电二极管(LD)只要是瞬间超过最大额定电流,元件就发生老化。由于半导体激光的偏差及使用温度光[量]会发生很大变化,需要自动功率控制(APC:Automatic

Power Control)电路,这种电路采用内置监视器用光电二极管(PD)。

图 0.1 是作为当时驱动高输出 LD 的 APC 电路简图。LD 的部分光进入 PD,在 U_2 的输出中呈现符合光[量]的电压。误差放大器 U_1 把标准值与其进行比较,通过 R_1 去控制 Tr_1 的基极。R_2 和 LD 在 Tr_1 的发射极串接。Tr_1 的整流子可以不直接与电源相连,为了防止在控制不稳定的情况下破坏 LD,连接了低限制电阻 R_3。

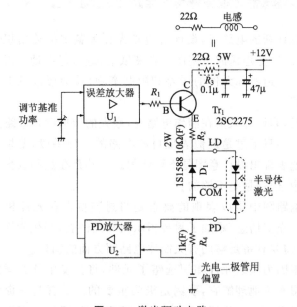

图 0.1 激光驱动电路

0.2.2 故障发生

采用通用基板的试制比较顺利,但对印制电路板的基板进行快速测试时,在接受激光照射的其他装置中观测到了数 MHz 噪声。如果遮蔽装置的受光部位或者利用其他的激光,噪声就可以消失。这种现象是由于基板的激光本身受到了污染所致。

令人吃惊的是,如果用示波器观测 Tr_1 发射极的波形,仍然可以看到振幅较大的振荡波形。振荡的电路比不工作的电路质量还要差,激光就这样因峰值光而产生老化。

0.2.3 意外原因

在 APC 电路中同时处理 PD 的微小电流和 LD 的大电流时,

最初是怀疑基板模式和放大器的相位[失真]补偿。但如果进行观测,就会发现波形在输出 U_1 之前稳定,只是在 Tr_1 和外围部分发生寄生振荡。

如果与通用基板试制品进行比较,就会找出错误所在。在自言自语"即便是这样,基板模式在形成切口形状以前相同,而且晶体管也是同一批……"的时候,注意到了两者的不同。

由于库存的关系,实际上在试制品的 R_3 中使用了 2W 氧化金属膜电阻。在成品中考虑了迟延和异常情况,指定了相同种类的 5W 型。为什么在产品基板上安装了 5W 型的水泥电阻呢?

如果把 R_3 恢复到氧化金属膜电阻,振荡就会令人难以置信地停止了。

0.2.4　水泥电阻的电感成分

水泥电阻的电阻体不是水泥……,一般低电阻值使用绕线式,高电阻值使用氧化金属膜电阻。结果是电阻值低的水泥电阻 R_3 的内部单元采用绕线式,无意间把大的寄生电感插入到了 Tr_1 的连接器。

这种电感通过与 Tr_1 的寄生电容等的组合,形成数 MHz 的谐振电路,并且 Tr_1 使用频率特性好的晶体管,从而达到了振荡。寄生振荡也在电感进入到发射极 R_2 时发生。

0.3　技术人员所需的元件知识

为什么发生激光驱动失败呢?

笔者在设计中研究一些老的基板模式时注意到了电感。由于注意到发热,所以只是在元件表上填写了氧化金属膜电阻型号,忘记了标明禁止绕线式,设计者本人认为是理所当然的。可是,制作基板的人好像并不知道电路的意图,根据对发热的报警,巧妙地采用了耐热性好的水泥电阻,但却不知道水泥电阻的内容。

此故障例是因缺乏有关元件知识一致性所致,也有因设计者缺乏元件知识,而采用了精度不高的基板。

元件知识对于所有电子技术者都是非常重要的。第 1 章到第 5 章所介绍的电阻和电容器的基础知识,也许读者乍一看时不感兴趣。但是,笔者在写作此部分时,花费了大量时间整理了迄今为止概念较为模糊,但又是很深层的知识点。希望初学者及非初学者都能够阅读此书。

在学习元件基础知识的时候,请看第 6 章和第 7 章的电阻电容的选材与应用。在这些章节中,从设计者角度介绍了元件的选择过程,并列举了实际电路。相信读者可以从中得到许多电路和元件选择意图的启发,有助于保持元件知识的一致性。

在第 8 章中,如同前面所述的 APC 电路一样,讲述了 6 例错误选择元件的结果。为了防止类似事件的发生,希望大家能够有效地利用此书,选择最佳元件,提高电路的性能。

第 1 章
固定电阻器的知识

本章从三个方面介绍选择最基本元件——固定电阻器时所需的基础知识。

首先介绍选择固定电阻器的 11 种参数。这些参数与电阻器的结构有着密切关系，如果有一方的特性好，就会对其他特性带来影响。接着介绍选择参数和固定电阻器结构之间的关系。最后给出一般称为"碳膜电阻"的普通固定电阻器的参数表，在体会具体性能的同时，归纳碳膜电阻性能不足时的选择准则。

1.1　表示固定电阻器性能的 11 种参数

不是买到与电路图标记相同（公称）电阻值的产品就可以了，而是要得到固定电阻器的电阻值。包括上述的电阻值在内，把表示电阻器性能的参数归纳为 11 种。

也许有人认为"种类过多"，不过请放心，笔者不是让人们经常考虑过全部的参数后才进行选择，因为也有一般电路中不需要重新计算的项目。必须记住，要在真正理解"电路中不能忽视"判断标准之后才可以省略，如果随便忽视，就会出现决定性的错误。

1.1.1　电阻值和精度

▶ 电阻值范围——可对每个种类规定电阻值的上限和下限

由表 1.1 看出，每一种电阻器所采用的电阻值范围都不相同。表中覆盖 $10\Omega \sim 1M\Omega$ 范围的种类较多。在与普通半导体组合时，此范围也有精度及稳定性等之间平衡好的电阻。

当然，根据电路还需要规定范围以外的电阻值。在选择的自由度大幅度下降时，即便是在 0.1Ω 以下，$100M\Omega$ 以上的区域也会失去其他特性，不得不采用特殊种类。

表 1.1 各种电阻值范围

10m	100m	1	10	100	1k	10k	100k	1M	10 M	100 M	1G 10G(Ω)

容易得到的电阻值范围

碳膜电阻(碳质电阻)

实心(合成)电阻

厚膜金属膜电阻

薄膜金属膜电阻

低电阻型金属膜电阻

高电阻型金属膜电阻

低电阻绕线型电阻

绕线型电阻

珐琅电阻

水泥电阻(绕线型)

水泥电阻(氧化金属膜)

氧化金属膜电阻

金属铠装电阻

功率用金属箔电阻

金属箔电阻

金属板电阻

玻璃电阻

注:电阻种类过多,表中只是给出有代表性的电阻值范围。例如,属于表中金属膜系列的电阻器所覆盖的电阻值范围基本上是 11 位数,此表的电阻值范围非常广。

▶ 电阻值挡(E 系列)——电阻值的设定方法(详细程度)

由于采用表 1.2 中记载的等比数组的 E 系列,大部分电阻器的电阻值调整不是用整数来设定,而是像 4.7Ω 那样用小数进行设定。

电阻值经常使用 E3,E6,E12,E24,E96 系列,E 数目越大越能够具备精密的电阻值。E3 系列包含在 E6 系列;E6 系列包含在 E12 系列;E12 系列包含在 E24 系列。有效数字 3 位数的 E96 系列是独立系列。

一般支持高的 E 数的种类有公差和温度系数误差好的倾向,相反也未必正确。

当然,未用该种类支持的电阻值为特别订货处理,是很难买到的。在这种情况下,最好是在填写特别订货电阻器订购单之前,根据容易得到的电阻值,再一次研究能否改变电路设计(第 8 页专栏)。

▶ 公差——电阻表示值与实阻值之间的误差

公差一般称为"误差"。本书为了与下一项的温度系数区别,使用这种表现方法。

公差是以％为单位表示电阻值（公称值）与实际值之间误差的最差保证值。例如，公称电阻值为 10kΩ，公差为 ±1％ 的电阻，只要是用指定条件测定，全部的产品都应该在 9.9～10.1kΩ 的范围。

在比较大型的电阻器中，公差值可以直接印刷。一般经常使用略码和彩色代码（请参考后面的表 1.8）。

实际电阻器的电阻值随着使用环境（特别是温度）和时间进行变化。公差在固定环境条件后进行规定。公差与半固定电阻器等组合起来，就可以比较简单地进行校正。因此，请记住公差只不过是一种表示精度的参数。

表 1.2　各种 E 系列的数值

E3	E6	E12	E24	E96			
1.0	1.0	1.0	1.0	1.00	1.78	3.16	5.62
			1.1	1.02	1.82	3.24	5.76
		1.2	1.2	1.05	1.87	3.32	5.90
			1.3	1.07	1.91	3.40	6.04
	1.5	1.5	1.5	1.10	1.96	3.48	6.19
			1.6	1.13	2.00	3.57	6.34
		1.8	1.8	1.15	2.05	3.65	6.49
			2.0	1.18	2.10	3.74	6.65
2.2	2.2	2.2	2.2	1.21	2.15	3.83	6.81
			2.4	1.24	2.21	3.92	6.98
		2.7	2.7	1.27	2.26	4.02	7.15
			3.0	1.30	2.32	4.12	7.32
	3.3	3.3	3.3	1.33	2.37	4.22	7.50
			3.6	1.37	2.42	4.32	7.68
		3.9	3.9	1.40	2.49	4.42	7.87
			4.3	1.43	2.55	4.53	8.06
4.7	4.7	4.7	4.7	1.47	2.61	4.64	8.25
			5.1	1.50	2.67	4.75	8.45
		5.6	5.6	1.54	2.74	4.87	8.66
			6.2	1.58	2.80	4.99	8.87
	6.8	6.8	6.8	1.62	2.87	5.11	9.09
			7.5	1.65	2.94	5.23	9.31
		8.2	8.2	1.69	3.01	5.36	9.53
			9.1	1.74	3.09	5.49	9.76
10	10	10	10				10.0

阴影是E24之间的公共部分

注：①E3～E24 系列用 2 位有效数字，把 1～10 等分成 24 等份，以 $\sqrt[24]{10}\approx1.1$ 的倍数为基准考虑整数比分割，重新组合调整了一部分（2.7～4.7 的部分）。

②E3 系列包含在 E6 系列；E6 系列包含在 E12 系列；E12 系列包含在 E24 系列。

③E96 系列用 3 位有效数字，把纯粹的 96 分割的等比数列进行四舍五入，几乎没有与 E24 系列之间的重叠。

④E 系列为等比数列的理由是：应该覆盖的电阻值范围非常广，对任何数值都要使邻接的数关系相等。

整数值电阻

在开始设计模拟电路时,即便知道 E 系列,也有希望恰好是整数值电阻的情况。并不是不存在整数值电阻,也有设定为经常使用的整数值的电阻。由于这些不能立刻就得到,所以,需要在订购整数值电阻之前再一次评估设计的本身。

需要的不是整数值电阻,而是处于整数比关系的多个电阻的情况也较多。例如,1kΩ 和 4kΩ 的组合也可以是 3kΩ 和 12kΩ。

还有需要整数电阻值的情况。此时,首先要研究 E 系列的组合电阻。例如,为了得到 9kΩ,要把 7.5kΩ 和 1.5kΩ 串联起来,或者是将 10kΩ 和 90kΩ 并联起来等。为了找到这种组合,利用个人计算机编制简单的检索程序比手工作业好。只有在 E24 系列才可以找到预想不到的组合。

最后,考虑是否可以并用半固定电阻器。即便是前面进行了研究,也是局限于找不到解决手段,所以调整点的数量应该不多。关键是要注意半固定电阻的温度系数,使用质量好的半固定电阻器,不贪图可变范围,限制在所需的最低限度。

即便是相同的公差,影响程度也根据电路而不同。例如,±5% 的公差,显示用 LED 的亮度即使是有 5% 的不同也不用在意,但是指示误差为 ±5% 的仪表却不能在实际中使用。

还有,采用与其他元件公差平衡的设计极为重要。例如,时间常数电路采用不平衡设计,使用公差为 ±20% 的电容器和 ±1% 的电阻。为了改善时间常数,选择公差小的电阻也是问题。

▶ 电阻温度系数(T.C.R)——基于温度的电阻值变化率

任何电阻器的电阻值都会因温度变化而改变。这种变化的比例就是电阻温度系数。由表 1.3 看出,温度系数根据电阻的种类有很大不同,即便是相同种类的电阻,温度系数也因为电阻值而不同。

表 1.3　主要电阻的电阻温度系数

5(ppm/℃)	10	25	50	100	280	300	500	1000
							碳膜电阻	
					氧化金属膜电阻			
				厚膜金属膜电阻				
		薄膜金属膜电阻						
		绕线型电阻						
	金属箔电阻							

温度系数的表现方法根据大小和变化的方法而不同。

最普通的就是±200ppm/℃以下的那种表现。1 ppm 表示百万分之一(相当于辅助单位的 μ),上面所记载的平均每 1℃的温度变化表示万分之二,也就是表示±0.02％以内的电阻值变动。必须意识到如果把电阻的工作温度设定为 25±55℃,就会产生(最坏)±0.02×±55＝±1.1％的电阻值变动。

在超高精度电阻器中,使用温度系数相抵的特殊合金电阻,电阻值变化非常小,并且不进行线性变化。这种电阻器经常采用在－55～＋85℃为±7ppm 以内的表现方法。

相反,在温度系数非常大、非固定碳膜电阻的通用电阻中,也有未规定温度系数的情况。

温度系数和公差经常混淆,与公差的情况不同,温度系数不能简单地通过外部调整缩小。也就是说,实际上左右高精度模拟电路精度的不是公差,而是温度系数。

1.1.2 最大额定和破坏方法

▶ 额定功率——电阻可连续承受的功率

如果对电阻加电压,电流就流通,消耗能源,大部分化为热。加热器就是利用这种方法,只要一般的电阻器温度上升过度,电阻就会变性或者老化,甚至会发生火灾。因此在电阻器中作为额定功率规定了可连续承受的最大功率(表 1.4)。

额定功率在释放空气中定义得较多,需要在安装基板时考虑稍微留出缝隙。

表 1.4 各种额定功率范围例

1/16	1/8	1/4	1/2	1	2	5	10	20	30	50	100(W)

碳膜电阻(简易绝缘涂层碳膜电阻)
片状电阻
厚膜金属膜电阻
薄膜金属膜电阻
绕线型电阻
氧化金属膜电阻
水泥电阻
珐琅电阻
金属铠装电阻

注:表中给出了文章中出现的有代表性的种类,并给出了厂家产品的额定功率范围。

▶ 额定电压——可对电阻加的最大电压

额定电压是与额定功率分开、容易漏掉的限制事项。额定电压规格有三种，即最高使用电压、最大过载电压、最高脉冲电压。最高使用电压是连续加的最大电压，额定电压一般就是指这个。最后两个是设想了功率开关、浪涌抑制电路的短时间耐压规格。

大部分电路中的实际最高电压都受额定功率所限制。在电阻值大于用额定功率除以额定电压的平方值时，额定电压限制为有效，稍不注意就会发生大事故。

▶ 故障类型——电阻的破坏方法

任何人都不想破坏电阻器，可是，完全消灭实际电路中的事故却是不可能的。

在电阻器因事故出现意想不到的过载时，电气故障类型主要分为电阻值下降的短路和电阻值上升的断开。当电路短路产生大电流时，会危害到其他元件，因此必须使用以断开方式破坏的保险电阻器。

最为深刻的教训就是电阻器发热后燃烧造成的火灾。必须准备自然灭火和阻燃性电阻器。

1.1.3　与理想电阻的差别

▶ 寄生电感和寄生电容——潜伏于电阻内的线圈成分和电容器成分

如图 1.1 所示，实际的电阻器除了原有电阻部分以外，还有线圈和电容器的寄生成分。

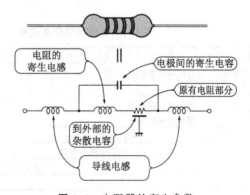

图 1.1　电阻器的寄生参数

与线圈结构相同的绕线型电阻器是典型的、具有大寄生电感的例子，存在着由于频率较低而发生故障的问题。在 VHF 波段以上的高频中,就连槽型电阻、导线产生的小电感也会成为问题。

在高电阻值电路中,令人烦恼的是因非常小的寄生电容之间的积,意外产生低频率振荡及振幅特性紊乱。还有,频率越高越不能忽视寄生电容的信号穿过、衰减、不匹配以及振荡等情况。

这些寄生成分依赖于电阻器的结构,在目录上没有明确记载。必须注意开始例子中提到的那种内部结构不容易理解的情况。

▶ 噪声——电阻器发生的非理论噪声

噪声是由于各种原因产生的,有一些是用任何元件都不能消除的理论噪声。在电阻器的理论噪声中,最有代表性的就是图1.2所示的热噪声。

如果把电阻值设为 R,绝对温度设定为 $T(0℃≈273K)$,噪声的评价频率幅度设定为 $B(Hz)$,玻耳兹曼常数设定为 $K=1.38×10^{-10}(J/K)$,则热噪声(约翰逊噪声)的大小就用 $V_n=2\sqrt{K·T·R·B}$ 来表示,这就是所谓的理论噪声。因此,即便是理想的电阻器,只要是不在绝对零度使用,就要产生噪声。此值虽然小,却在热电偶放大器等微小信号电路中成为问题。

周围温度$T(℃K)$

图 1.2　热噪声

这里提到的噪声是电阻器固有的噪声部分。在一般种类中,目录中没有噪声规定的情况较多。这与电阻的微米(10^{-6})结构有关。图 1.3 的晶粒边界那种不连续面越多就越不好。

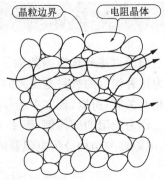

电流因晶粒边界的不连续而散乱,晶粒边界的接触电阻通过热振动和机械振动进行随机变化。

图 1.3　晶粒边界

1.1.4　其他原因

▶ 尺寸——电阻器的大小

在实际制作基板和装置时,电阻器的大小是重要因素。照片1.1 是各种电阻器的大小比较。随着装置轻、薄、短、小、高密度的发展,以及对电阻器小型化的要求,出现了与原来 1/8W 型相同尺寸的 1/4W 型电阻、各种小型片状电阻等。但是,这并没有改变热量的物理法则,而是更需要注意因小型化而造成的温度上升以及元件的散热问题。

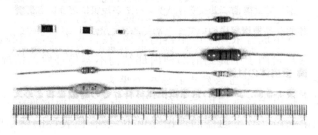

照片1.1 各种电阻器的大小比较

电阻在小型化的同时,还需提高频率特性以及耐噪声性。

▶ 价格和购买性——仍是重要的选择因素

电阻价格平均从每个数十钱到1万日元以上,并且价格和性能不处于线性关系。高精度金属膜电阻价格正在下降,电路的构成思想也在改变。可是,无论多么好的电阻,如果是难以买到或者需要数月交货期就是无意义的。

流通量大的产品一般都有其特点,只有优秀的设计者才能将其恰如其分地设计到自己的电路中。

1.2 固定电阻器的结构和参数

前面讲述的选择参数除了价格和购买性以外还有10种。我认为这种组合的数目是庞大的。由于各种参数根据电阻器的结构而相互关联,所以,现实中的种类选择并不太复杂。

作为电阻的结构例,图1.4表示简易绝缘型碳膜电阻器的结构,电阻器的结构分为电阻器的材质、形状、包装处理。

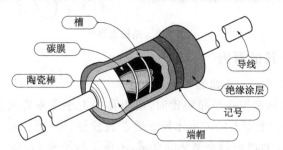

图1.4 简易绝缘型碳膜电阻器的结构例

本节讲述在不同结构中,各种参数实际所受到的影响,并就有关具体的种类选择进行归纳。

1.2.1 电阻器的材质

表 1.5 汇总了经常使用的电阻器的材质和其特点。尽管是电阻名称相同,其组成和电气特点也有很大不同,在表中把一般称为"金属膜系列"的电阻器分成若干种类。

由电阻器的材质决定的主要参数是电阻值范围、温度系数、噪声、价格和购买性。因此,即使说电阻器的主要特性由电阻器的材质决定也不过分。还有,由于电阻器的材质的物理性和加工性,限制了电阻的形状,间接地左右公差等特性。

电阻器的材质的主要特点如下所述。

表 1.5　电阻器的性质和结构适应性

电阻的种类	电气特性			电阻器的结构适应性					备注
	电阻值	温度系数	噪声	固体型	保护膜型	印刷型	真空蒸发型	固有型	
碳膜系列	低～高	×	×	○	○	△	×	×	价格便宜,特性有困难
厚膜金属系列	低～高	○	○	○	○	○	×	×	用于通用高精度、片状电阻
高电阻型金属系列	高～超高	△	△	×	○	△	×	×	高电阻,特性一般
低电阻型金属系列	超低～低	△	△	×	○	×	×	×	低电阻高精度
薄膜型金属系列	低～高	◎	◎	×	○	×	×	×	比厚膜型精度高,有片状
氧化金属系列	低～高	△	△	×	○	×	○	×	耐热性好,适用于中等功率
金属线/带	低～中	◎	◎	×	×	×	×	○	用于大功率、高精度的特殊用途
金属板	超低～低	△	○	×	×	×	×	○	用于超低的电阻值
金属箔	低～中	◎	◎	×	×	×	×	○	超高稳定度

注:固有型是电阻原有的结构,与电阻的名字相同。

▶ **碳膜系列**

碳膜系列电阻材质一般称为"碳膜电阻",主要是把有机系列材质进行热分解得到的保护膜系列。覆盖 $1\Omega\sim10M\Omega$ 的电阻值范围,价格便宜、制造容易,作为通用电阻而畅销(流通量最多)。

相反,由于温度系数和噪声方面存在问题,不适用于高精度及微小信号的电路。

▶ **厚膜金属系列**

厚膜金属系列的电阻是把金属系列电阻材料与有机填料混合

起来涂层后烧成,可以在保护膜上印刷,使用范围广。现在成为主流的通用片状电阻和排电阻也使用这种类型的电阻体。尽管是通用的电阻,也只是覆盖 $10\Omega\sim10M\Omega$ 电阻值范围,温度系数也是在 $\pm300\sim50ppm/℃$。还有,噪声也比碳膜系列低,流通量仅次于碳膜系列,价格便宜、容易买到。

厚膜金属型在电阻原料上下功夫,适用于在低电阻域特殊化的低电阻型、高电阻型的电阻变化,整体上在 $0.1\Omega\sim100M\Omega$ 以上,在电阻器中覆盖了最大的电阻值范围。

▶ **薄膜金属系列**

薄膜金属型电阻主要是进行真空蒸发,以形成电阻体,与厚膜制作方法和特性不同。制造设备规模大,电阻材质自由度大,能够得到良好特性的电阻。

电阻值的范围大约为 $10\Omega\sim1M\Omega$,温度系数为 $\pm100\sim5ppm/℃$。由于电阻的连续性好、噪声小,适用于高精度/小信号的电路。

价格和购买性比以前大有改进。

薄膜型电阻有在 $0.1\Omega\sim100M\Omega$ 的电阻域进行特殊化部分,温度系数等方面虽然不太好,但作为高精度的低电阻还是很重要的。

▶ **氧化金属膜系列**

氧化金属膜系列的电阻是把锡等金属化合物加热氧化后得到的,俗称"氧化金属"。

电阻值的范围大约为 $10\Omega\sim$ 数十 $k\Omega$,温度系数为 $\pm300\sim200ppm/℃$。氧化金属膜作为保护膜系列耐热性好,几乎是一次就可以实现小型化,广泛地作为通用的中等功率电阻使用,也用于高电阻域水泥电阻的内部元件。

▶ **金属线以及金属带**

电阻采用锰(镍)铜和镍铬等合金金属丝和带状线,主要作为绕线型使用。材质的自由度大,温度系数为 $\pm200\sim5ppm/℃$。因为机械方面的限制,不能使用过细电阻线,电阻值的范围偏于 $0.1\Omega\sim$ 数十 $k\Omega$。与其他电阻相比,由于金属线和金属带的截面积大,故具有耐瞬时大电流的优点。

低温度系数的绕线型电阻是高精度电阻的代表,最近正在向其他产品转换,不易买到。

▶ 金属板

正如其名字所表示的那样,电阻直接使用合金金属板,电阻值的范围为 $0.01 \sim 10\Omega$,温度系数不太好,仅为数百 ppm/℃。由于耐冲击电流,作为检测电流电阻使用。由于其用途的特殊性,限定了电阻的流通路径。

▶ 金属箔

把比金属板还要薄的合金箔贴在陶瓷板上,通过腐蚀处理构成电阻。由于电阻材质自由度大,通过温度系数相抵,得到 25 ppm/℃ 以下温度系数非常低的超高精度电阻值。电阻值的范围根据各种类型也在 $0.1 \sim 100\Omega$。

由于生产厂家少,且价格高,需要时应与厂家咨询。

1.2.2 电阻器的结构

电阻器的结构大致归纳为表 1.6 的 8 种。电阻的结构不能自由选择,而受电阻器的材质限制。

表 1.6 电阻器的结构特性和对包装的适应性

电阻器的结构	典型的特性			对包装的适应性						备注
	R 挡	公差	寄生 L/R	简易涂层	绝缘涂层	实心	片状	箱	珐琅	
固体型	△	×	◎	×	×	○	×	×	×	可靠性高
槽型保护膜	◎	◎	○	○	○	○	△	○	×	普通
无槽型保护膜	×	×	◎	○	△	△	○	×	×	高频率用
印刷型	◎	◎	○	○	○	○	○	×	○	—
真空蒸发型	◎	◎	○	○	○	○	○	△	×	—
绕线型	○	△	×	△	○	○	○	○	○	高寄生 L
金属板型	△	×	◎	×	×	×	×	×	×	低电阻用
金属箔型	◎	◎	○	×	×	×	○	×	×	高精度用

由电阻器的结构决定的主要选择参数有电阻值挡(step)和公差以及寄生电感/寄生电容等。

电阻器的结构和特点如下所述。

▶ 保护膜类型(槽型和无槽型)

作为通用电阻最普通的就是图 1.4 所示的保护膜类型。

在保护膜(槽型)中,用陶瓷制成棒状或圆筒状的电阻,用专门的刀子将其切成螺旋状槽,调整电阻的长度和宽度,以得到所期待的电阻值。在不能实现的电阻元件中,把钵型端帽铆接后作为电极。

这种方法可以从相同保护膜形成后的素材中获得多种电阻值,支持精度高的电阻值挡。只要是严格控制槽,就可以得到公差小的产品。

槽型电阻因其螺旋形状,会在微量电感与槽之间产生寄生电容。这在稍微高一点的频率中比较明显,因此也制作了"无槽电阻"(不带槽)。无槽电阻的电阻值只是限于低值,由于公差大,正在朝着特性好的片状电阻转换。

▶ 印刷型

直接把厚膜型金属膜以及碳膜系列电阻材料糨糊印刷在陶瓷基板或基板上,加热形成电阻。形成后的电阻通过激光或者用棱形针进行修整,调整电阻值挡的精度以及公差,电阻值挡的精度和公差与槽型电阻一样好。

电阻形状的自由度大,容易批量生产,广泛地应用在图 1.5 所示的角形片状电阻、排电阻,以及电阻之间存有间隙的高压电阻(图 1.6)等方面。

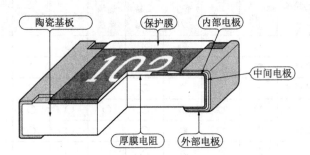

图 1.5 角形片状电阻器的结构例

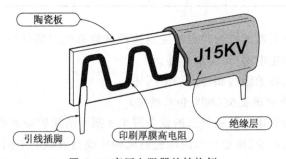

图 1.6 高压电阻器的结构例

另外,采用寄生电感低的模式,控制修整量,可以获得频率特性好的电阻。

▶ 薄膜真空蒸发型

薄膜真空蒸发型与印刷型相似。是在陶瓷板上真空蒸发电阻金属薄膜,电阻模式取决于真空蒸发屏蔽和腐蚀。

以后的修整与印刷型相同,电阻值和公差好。由于还具有薄膜型特有的温度系数,所以,用于高精度的薄膜片状电阻等。

▶ 绕线型

由图 1.7 看出,在陶瓷制线圈骨架上绕有电阻线和电阻带。由于电阻值的调整是通过改变电阻材质和线圈数,或者用滑动片来进行的,所以,电阻值的改变和公差受到限制。根据机械强度,一般不使用精度高的电阻线,电阻值的范围也偏小。

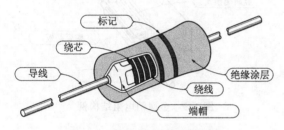

图 1.7 绕线型电阻的结构例

绕线型的结构与线圈相同,寄生电感较大。也有无感线圈的产品,但避免在高于音频频率波段中使用。

▶ 金属板型

图 1.8 所示是在金属板的两端焊接导线。若与其他电阻相比,电阻粗短,局限在电阻值低的领域使用。

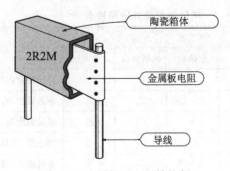

图 1.8 金属板型电阻结构例

电阻值的调整通过改变金属板材质和形状进行,由于在制造后调整困难,一般没有电阻值的变动和公差。但因结构上耐瞬时大电流能力强,寄生电感低,故经常用于功率电路等中。

▶ 金属箔型

金属箔电阻如图 1.9 结构例所示,与金属型电阻有很大差别。由于机械支持,通过在陶瓷板上贴金属箔,进行腐蚀处理,形成迷路那种电阻。通过切断所规定的部位,获得几种电阻值。公差调整也是通过电阻值测量和调整用部件的切断及修整进行的。为避免机械应力使电阻值变化,导线连接采用搭接线等精度好的结构。

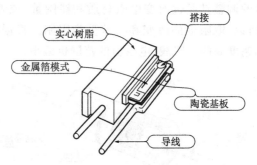

图 1.9 金属箔电阻结构例

1.2.3 包装处理

电阻的包装处理容易被人们忽视,但包装处理却与产品的可靠性和寿命有着密切关系。

表 1.7 归纳了典型的电阻包装和其特点,根据各种情况,额定功率、额定电压、故障类型、尺寸大小参数都有很大不同。

表 1.7 电阻的包装处理和特点

包装处理	特 点					备注
	绝缘性	耐热性	散热性	机械强度	大小	
简易涂层型	×	×	○	×	○	价格便宜,但可靠性低
绝缘涂层型	○	○	△~○	△	△	非易燃性,有自消火性
实心型	○	△	×	○	△	机械强度高,可靠性好
片状型	×	○	○	×	◎	超小型,可自动安装
箱型	○	○~◎	△~○	○	×	非易燃性,可靠性好
珐琅型	△	◎	◎		×	耐热性强,散热性好

▶ 简易绝缘型

简易绝缘型是像图 1.4 那样,在作好的电阻元件上涂上漆和环氧系列涂料,主要用于保护膜型电阻。简易绝缘型价格便宜、散热性好、体积小、重量轻,一般作为通用电阻使用。

但是,由于简易绝缘型的机械强度、绝缘性以及防潮性不够,有电极因应力脱落,薄膜因摩擦和冲击剥落而引起事故的情况。也有由于过载时的高温、涂膜燃烧的可能性,不适用于需要可靠性高的应用。

▶ 绝缘涂层型

绝缘涂层型进行了比简易绝缘型细致的绝缘涂层,一般用于中功率的保护膜和绕线型、高压电阻等(照片 1.2)。

照片 1.2 绝缘涂层型电阻的外观

涂层剂为环氧树脂系列及硅胶系列,绝缘性、散热性、防潮性好,另外,用于过载时一般使用非易燃性或自灭火性材料。

机械性强度好,但与简易绝缘型相比,成本高、形状和重量大。

▶ 实心型

如图 1.10 所示,实心型是把电阻元件封装在苯酚树脂、环氧树脂等塑料或玻璃里面,有各种类型电阻产品。

电阻完全用绝缘体裹住,是富有机械强度、绝缘性、防潮性以及可靠性好的包装方法。但重量和形状要大。

还有,玻璃实心型主要用于高精度金属膜电阻以及超高电阻值的电阻等。

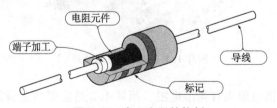

图 1.10 实心电阻结构例

照片 1.3 片状
电阻的外观

▶ 片状型

片状电阻一般用于表面安装基板。当前主要是照片 1.3 所示的板型。电阻在陶瓷板上形成厚膜型金属膜电阻或薄膜型金属电阻后,用低熔点玻璃系列的保护层进行密封。在小的元件上装入电极后就成了产品。

片状型的最大特点就是没有导线,可以实现超小型、轻量化。但必须注意额定功率和额定电压比想像的要小。

▶ 箱 型

箱型是把带有导线的电阻元件装入到陶瓷、环氧树脂等箱体内,用无机材料(水泥)或环氧树脂把周围密封。

最普通的就是图 1.11 所表示的水泥型电阻。水泥型电阻并不是水泥,交界处为数百 Ω,在低电阻侧使用绕线型,高电阻侧使用氧化金属膜元件。

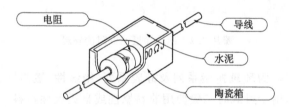

图 1.11 水泥型电阻结构例

金属板电阻也是基本相同的结构,是耐热性和绝缘性好的包装方法。

不仅有电阻单体,而且还有使用箱型、散热板进行散热的铠装电阻(照片 1.4)。

照片 1.4 铠装电阻的外观

金属箔电阻也有箱型电阻。照片 1.5 是功率型金属箔电阻的外观。电阻通过薄陶瓷板,粘在类似于功率晶体管的散热片(翼)上。电阻为了避免电阻值因机械应力产生变化,而用环氧树脂和箱体盖在树脂保护层的上面。

照片 **1.5** 功率型金属箔电阻的外观

▶ **珐琅型**

珐琅型是使用金属线或金属带的大功率绕线型电阻的包装的一种。

珐琅电阻是把陶瓷用的釉涂抹到粗陶瓷筒上的电阻,进行烧结后作为绝缘膜,耐热性和散热性好(照片 1.6)。

在大功率电阻中,也有在电阻上做出裙带菜那样的痕迹,以扩大散热面积的产品。

照片 **1.6** 珐琅型电阻的外观

1.3 了解碳膜电阻的实际作用

前面叙述了有关电阻的结构和选择参数的限制。尽管如此,也可能还存在着选择方面不太清楚的地方。

这里作为普通的手段,反过来从"碳膜电阻可以使用吗"开始介绍。"碳膜电阻"是简易绝缘型碳膜电阻的俗称。

关于不知如何选择电阻性能的问题,如果对碳膜电阻的说明书十分了解,就建议您使用碳膜电阻。为什么要这样说呢?因为碳膜电阻的价格非常便宜,并且容易买到。

相反,在了解到碳膜电阻的作用不够时,如果知道哪种规格的作用不够,也就知道应该如何选择。

1.3.1 什么是碳膜电阻

经常看到的碳膜电阻是照片 1.7 所表示的 1/8～1/4W 型,用 4 条彩线,在乳白色的表面上标示出电阻值(公称值)和公差。有关彩色线(彩色代码)的识别方法请参考表 1.8。

照片 1.7 碳膜电阻的外观

表 1.8 彩色代码

彩色线	有效数字	乘数	乘数简表	误差(%)	误差符号
茶色	1	$\times 10^1$	$\times 10$	± 1	F
红色	2	$\times 10^2$	$\times 0.1k$	± 2	G
橙色	3	$\times 10^3$	$\times 1k$	—	—
黄色	4	$\times 10^4$	$\times 10$	—	—
绿色	5	$\times 10^5$	$\times 0.1$	± 0.5	D
蓝色	6	$\times 10^6$	$\times 1M$	± 0.25	C
紫色	7	$\times 10^7$	$\times 10M$	± 0.1	B
灰色	8	$\times 10^8$	$\times 0.1G$	± 0.05	A
白色	9	$\times 10^9$	$\times 1G$	—	—
黑色	0	$\times 10^0$	$\times 10G$	—	—
金色	—	$\times 10^{-1}$	1/10	± 5	J
银色	—	$\times 10^{-2}$	1/100	± 10	K
无表示	—	—	—	± 20	M

在不习惯彩色代码时,可以使用从茶色到黑色为止的彩色扁线对切。在绿色和蓝色之间做上裂口,就便于直观地掌握。

误差项的色带粗,由于有不良产品,请注意倒读的情况。

注:误差±10%以上只是 4 线式有效;误差±0.25%以下只是 5 线式有效。

碳膜电阻属于碳膜系列的槽型,容易进行批量生产。

电极安装有电阻上盖带有导线的钵型帽的 P 型和在电阻缠绕导线的 L 型。现在看不到 L 型。以前的 P 型碳膜电阻端帽不结实,只要拧一下就掉,而现在的产品很结实。

为了解碳膜电阻的实力和界限,在表 1.9 中归纳了规格例子。表中额定功率以外的参数都是厂家 1/4W 型的例子。

表 1.9 碳膜电阻器的实例

参 数	碳膜电阻值(1/4 型的例子)
电阻值范围	2.2Ω～5.1MΩ 和 6 位数以上 但是,特性在电阻值的两端失控
电阻值挡	标准品具有到 E24 为止的产品
公差	标准为±5%,也有±2%的产品
温度系数	一般不在产品目录中标明 但是,JIS 规格 Z 级的温度系数如下: 电阻值在 100kΩ 以下的:+350/−500ppm/℃ 电阻值在 100kΩ 以上、1MΩ 以下的:+350/−700ppm/℃ 电阻值在 1MΩ 以上的:+350/−1000ppm/℃
额定功率	标准电阻:1/8W,1/6W,1/4W,1/2W
额定电压	1/6W 型为 250V;1/4W 型大约为 300V。根据厂家和额定功率而不同
故障类型	基本不固定。有由于过电压自己起火的危险 根据条件,还有电弧同时放电的可能性
寄生电容/电感	尽管是很小,也有因切槽产生的电感和小寄生电容。取决于所使用的电路及电阻值, 10MHz 以下在使用上没有问题
噪声	一般不显示与噪声有关的规定 根据笔者的经验,虽然不像实心电阻那样,但还是较多 大部分用于民用音响设备,在线路电平信号的电路中更是没有问题
外形及尺寸	基本上采用轴向型(横型),也有采用导线部分绝缘涂层,纵型对应的情况。尺寸取决于额 定功率,与原来的 1/8W 的尺寸相同,也有 1/4W 的产品
价格和购买性	就连电枢电平的价格也是每个 1 日元(购买 100 个时)

1.3.2 在碳膜电阻作用不足时

由表 1.9 看出,碳膜电阻在价格比例中最优。同时也看到了温度系数和可靠性参数不好的问题。

在明确了碳膜电阻作用不足时,应该选择哪种参数的电阻呢,现在对存在问题的每个参数进行简单的归纳。

▶ 需要更低的电阻值

• 电阻值的范围为:0.1～10Ω

适用于低电阻型的金属膜电阻和绕线型电阻等,并同时改善温度系数。

• 电阻值的范围为:0.01～0.1Ω

适用于中～大电流的电流检测等方面的电阻值范围。如果不需要精度,就可以使用金属板电阻。高精度用途包括功率用金属箔电阻,但成本会加大。

不能在电阻值中忽视导线和配线电阻部分。在需要精度的用途中,使用从电阻两端抽出每 2 个 4 条导线的"4 端子电阻"。

• 0.01Ω 以下的电阻值

考虑合金制品的棒形和前面所述的低阻值电阻串联等,为了避开过低的电阻值,应该研究更改设计。

▶ 需要更高的电阻值

• 电阻值的范围为:1～100 MΩ

采用高电阻型的金属膜电阻。厂家的差别在高电阻值中明显。特性随着电阻值增加发生恶化,外形也有变大的趋势。

• 100 MΩ 以上的电阻值

在高压用途中,采用超高电阻型;在微小电荷检测用途方面采用玻璃电阻。前者是延长超高电阻型金属膜,尺寸偏大,可以制造这种电阻的厂家不多。后者是具有良好漏电流特性及耐环境性的密封型电阻的俗称,采用扩大了锗二极管的形状。这些产品的制造厂家世界上仅有几家,很难买到,并且成本高。

使用时要求保护或高度绝缘技巧、杂散电容和有关带电的高级技术。如果直接用手触摸电阻就会使其污染,不会发挥电阻的实际能力。

如果不慎采用高电阻值,就会对半导体带来偏压电流、噪声、杂散电容等问题。例如,由 1GΩ 的电阻和 5pF 杂散电容形成的霍尔频率是非常低的值,大约只有 32Hz。

▶ 没有所需的电阻值

碳膜电阻在标准上支持到 E24 系列,其原因有以下两点:

① 需要的是 E 系列中没有的电阻值。

②目的电阻属于 E96 系列中的一种。

前者寻找整数电阻值时,要在参考第 8 页专栏的基础上,研究设计更改的可能性。后者在下面所述的温度系数好的种类中有支持 E96 系列的部分,请进行参考。

▶ 需要额定功率更大的电阻

• 额定功率为 1～5W

有很多种类,要根据电阻值的范围和精度等方面分别使用。在不满 0.1Ω 的用途中,金属板电阻在 0.1～10Ω 中适用于绕线型电阻和电阻值低的金属膜电阻。在使用频率高的 10Ω～1MΩ 领域,有包括氧化金属保护膜电阻在内的多种电阻。

- 额定功率为 5～20W

这些额定电压功率多数采用水泥电阻。这种级别的发热量几乎与小型电烙铁相同,为了在安装基板时避免基板变形和焊锡熔解,需要采用浮起安装的方法。

- 额定功率 20W 以上

在这种大功率用途中,一般采用珐琅电阻和金属铠装电阻(带有金属包层的)。由于发热量大,需要恰如其分的散热设计。

如果使用额定功率小的电阻,则电阻的温度就会过高,缩短电阻寿命,成为电阻烧毁的原因。通过使用额定功率比发热量大的种类,可以降低电阻温度,提高可靠性,把这种延长电阻寿命的思想叫做"降额"。另外,

实际功率÷电阻额定功率×100

叫做"降额率"。

▶ 需要额定电压更大的电阻

- 额定电压低的电阻

碳膜电阻的额定电压在 1/4W 型为 300V,在 1/6W 型大约为 250V。首先列举额定电压比这个低的片状电阻例子。片状电阻的额定电压根据厂家和种类都有微妙的不同,与尺寸有关。

表 1.10 表示某厂家的厚膜型片状电阻例。即便是消耗功率低的用途,小型片状电阻也不能在商用电源电路(氖管限制电阻等)中使用。

表 1.10 片状电阻的额定电压例

尺寸	额定电压	额定功率
尺寸 2125(2.0mm×1.25mm)	100V	1/10W
尺寸 1608(1.6mm×0.8mm)	50V	1/16W
尺寸 100(1.0mm×0.5mm)	25V	1/16W

- 额定电压为 300V～1kV 的电阻

带有导线的大部分电阻都属于这个级别。在浪涌抑制等电路中需要大约电源电压数倍的额定电压。电池驱动便携式个人计算机备用灯的电源也是使用大约 150～350V 的电压,所以,额定电压要选择稍微大的种类。从可靠性的观点出发,采用涂绝缘层型的品种。

▨▨▨▨▨ **专栏** ▨▨▨▨▨

关于电阻值的表示

在各种电阻器中,至少要表示电阻值和公差。这些表示方法有直接表示、数字代码表示、彩色代码表示 3 种。

▶ **直接表示**

在大功率等外形较大的电阻器上直接印刷数字,为了防止小数点消失,有把 2.2Ω±10％表示为 2R2K 的情况。"R"是小数点(Round)的简称,最后的"K"不是辅助单位,而是误差代码。例如,4.7kΩ±5％可表示为 4K7J。

▶ **数字代码表示**

在外形小的电阻器中,使用字符数少的数字代码。数字代码为:

电阻值有效数字＋电阻值的乘数＋误差代码

电阻值的有效数字根据精度,有 2 位数和 3 位数。在前者的场合,例如,"222J"开始的 22 为有效数字,第 3 字符的 2 为乘数(附在后面的 0 数),电阻值为 $22×10^2=2200Ω=2.2kΩ$。从最后的"J"开始,公差为±5％。在高精度电阻的场合,有效数字为 3 位数。例如,"2211F"的电阻值为 $221×10^1=2210Ω=2.21kΩ$,公差为±1％。还有,为了在属于 E24 系列以下的电阻值中与普通品进行区别,有像"4702D"那样表示 $47kΩ±0.5％$;也有像片状电阻那样,在外形特别小时省略误差代码的情况。

▶ **彩色代码表示**

在外形小、曲面多的电阻中,多采用彩色代码代替数字代码,这是初学者最感到头痛的原因。

彩色代码是把数字代码转换为彩线,例如,把茶色、红色、橙色、金色改换为数字代码,那么,即为"123J",所以为 12kΩ±5％。同样,5 种颜色线的黄色、紫色、绿色、茶色、茶色为"4751F",即 4.75kΩ±1％。

▶ **由于多种表示共存,也有产生误解的情况**

例如,在大的电阻器只是写为"100K"的情况下,不知道应该判断为100kΩ,还是判断为 10kΩ±10％。

还有,在彩色代码中,把误差项的彩线稍微加粗,远离电阻器端,以防止倒读,但也经常有产品不良的情况。如果误差项是金色或银色,或者进行倒读,E 系列中没有数值的情况就好。例如,如果倒着读茶色、黑色、黑色、红色、茶色(10kΩ±1％),就读做"120kΩ±10％"。

• 额定电压超过 1kV 的电阻

在彩色电视和 CTR 等高压增益控制器及漏电阻中,使用精度比较好的金属膜系列的高压电阻。

高压电阻的外形除了细长以外,还有数 W 保护膜电阻和长方形条状等,无论哪种,都是绝缘层厚、结实的电阻。

▶ 需要公差更好的电阻

• 公差在±10％以上

碳膜电阻的公差是±5％,作为参考加以介绍。属于此范畴的有实心电阻,无槽电阻,角板型高压电阻,部分金属板电阻等。这些电阻不能在制造的最终阶段进行观察调整。

• 公差±5％

除了碳膜电阻以外,氧化金属膜电阻等许多种类也属于此范畴。在温度特性好的种类中也有±5％的等级。这是为了避免电阻值的变动,不需过剩公差。例如,对应于软件内置自校正功能的计量器等。

• 公差±1％～±2％

通用厚膜型/薄膜型的金属膜电阻就属于此范畴。通用片状电阻公差的种类也成为主流。

• 公差±0.1％～±0.5％

薄膜型金属膜电阻属于高精度绕线型电阻或金属箔电阻的领域。支持±0.1％的电阻值范围由于温度系数关系受到限制。

• 公差±0.05％以下

主要用于测量器和校正设备,限定在金属箔或超精密绕线型电阻,价格昂贵,购买困难。

▶ 需要温度系数更小的电阻

• 未标明温度系数的电阻

碳膜电阻和实心电阻由于温度系数大,根据电阻值有相当大

━━━━━ **专栏** ━━━━━

什么是正确的电阻破坏方法

在设计中,电路设计者总是在脑海中边浮现目的电路良好工作的形象,边进行设计。元件是有寿命的,也会发生意外故障。尤其是在属于社会基本设施的装置中,更是需要考虑到发生故障时的电路毁坏的设计。

曾经在请教前辈的时候,得到的回答是"实验比看商品目录好,只有在实际中花费大力气去掌握,才能得到真正的知识"。

正因如此,每次向产品厂商索取新的电阻样品时,我都会有带着任务的习惯。通过这种方法,就能够观察到电阻气化产生的破裂以及电弧放电等情况。但必须要在进行实验的时候戴保护镜,防止碎片及火花溅到脸上。另外还要采取保护意外高电流的保险手段,以及对坏电阻的处理。

的误差,除去部分产品外,在目录中都没有标明温度系数。

在 JIS-C6402 中规定了碳膜电阻的温度系数。我们手头的电阻未必满足这种规格。

• 温度系数超过±200ppm/℃的电阻

在金属板电阻及高电阻型电阻等电阻值的两个极端使用的许多电阻都属于此范畴。但是,这些种类中也有温度系数好的电阻。

• 温度系数为±100～±200ppm/℃的电阻

是把使用温度系数设定为±50℃,温度变动为±1～2％以内的等级。氧化金属膜电阻及功率绕线型电阻、通用厚膜型金属膜等电阻就属于这种范畴。

• 温度系数为±25～±100ppm/℃的电阻

采用薄膜型金属膜电阻以及绕线型电阻。温度系数越小,电阻值的范围就越受限制。

• 小于±25ppm/℃的温度系数的电阻

用单独电阻获得低温度系数的电阻只限于金属膜电阻、高精密绕线型电阻或特殊薄膜型金属膜电阻。这些电阻中的公用部分都采用不同种类金属组合,使温度系数相抵的构成。因此,温度系数的单调性丧失,一般是像−25℃～+85℃为±5ppm 以下那样,规定温度范围中的最大偏差。

▶ 需要故障方式和可靠性更好的电阻

• 必须设为发生故障时为断开

各种保险电阻业已面世。关于电阻之间的组合,请参考厂家目录。

• 使用阻燃性电阻

使用阻燃性或自消火性的涂层型或实心型。上面所述的保险电阻也有效。请注意:碳膜系列也有在发生故障时放电的电阻。

• 使用保证可靠性的电阻

在与飞机和人命相关的安全装置、国防、基干通信线用途中,已经出售带有形式认定号的保证可靠性的金属膜电阻。但是,价格昂贵,交货期需要数月。

即便是产业用途,也会受振动、灰尘,以及温度/湿度等环境条件的影响。此时一般选用以可靠性保证型为标准的塑料实心包装的金属膜电阻和绕线型电阻。

第2章
可变电阻器及半固定电阻器的结构和性能

本章介绍可变电阻器及半固定电阻器的基础知识。

可变电阻器以前是指"在制造后可以改变电阻值的电阻器",为了方便起见,本书把像照片 2.1(a)那样附有转轴和滑动片,使用者经常调整的部分叫做"可变电阻器(电位器)"。

与此相反,像照片 2.1(b)那样把只是有调整槽和限制使用者调整的部分叫做"半固定电阻器"。

可变电阻器的种类很多,电气规格中有许多结构上的变化和开关等方面的选择。为了避免复杂,本书只介绍可变电阻器的规格。半固定电阻器大部分都是通用产品,基本上保持了机械上的互换性。可变电阻器和半固定电阻器的基础与固定电阻器相同,也有滑动部特有的参数,让人应用起来有些困难。

(a)可变电阻器例 (b)半固定电阻器例

照片 2.1 可变电阻器和半固定电阻器的外观

本章以充分理解第 1 章的固定电阻的选择标准为前提,分两步介绍可变电阻器和半固定电阻器的选择。

首先 2.1 节把可变电阻器和半固定电阻器选择所需要的规格归

纳为 15 点。2.2 节根据每个可变电阻器和半固定电阻器的基本结构介绍特点,利用这些组合归纳产品种类。

　　本书中没有提到无滑动部的半导体电位器。半导体电位器正在向小型组合音响的音量调节和智能机器内的微调电容器等方面普及。电子电位器和可变电阻器、以及半固定电阻器之间的关系如同半导体开关和机械式开关一样各有所长,今后也将共存发展。

2.1　可变电阻器和半固定电阻器性能的 15 个选择点

　　这里介绍选择可变电阻器和半固定电阻器所需的参数。首先进行与固定电阻器之间的对比,说明固定电阻器和类似参数,讲述可变电阻器和半固定电阻器特有的参数。

　　如果有不明白的项目,请参考 1.1 节的内容。在参数中因可变电阻器和半固定电阻器而有不同的趋势。还没有进行特别区分的为公共内容。

2.1.1　固定电阻器和类似参数

　▶ 总阻值范围——调整可得到最大电阻值的上限与下限

　　在把可变电阻器和半固定电阻器设定为最大时的值叫做"总阻值"。例如,×△kΩ 的电位器的值表示总阻值。

――――― 专栏 ―――――

可变电阻器和半固定电阻器的端子号

电路图上有对可变电阻器和半固定电阻器附上 1～3 端子号的情况。

　其中 2 号端子是指滑动片(滑触头)。如果从操作方面把调整部顺时针(CW:Clock Wise)旋转,2 号端子接近的端子就为 3 号端子;逆时针(CCW:Counter-Clock Wise)旋转,接近的端子就是 1 号端子。

　一般都在产品上标明端子号和 CW/CCW。

　例如,在设计时考虑顺时针是什么量? 如果认为是增益等增加,就没有不同的感觉。但是,振荡器等变化的量由于频率或周期的思考方法而不同,所以是相反的连接。

　另外,也有在半固定电阻器中使用绝对值方式的无 3 号端子的种类。为了在多连接可变电阻中减少配线工时,有 1 号端子之间连接的情况,也有因电阻曲线变形及响度控制等目的而持有 4 个以上端子的情况。1～3 号的端子号相同。

　　可在总阻值范围对每个产品规定总阻值的上限和下限，这相当于固定电阻器的电阻值范围。由表 2.1 看出，在可变电阻器和半固定电阻器中，由于使用的电阻材料和规格限制，可变电阻器比固定电阻器的电阻值范围小得多。

表 2.1　可变电阻器和半固定电阻器的电阻值范围

0.1	1	10	100	1k	10k	100k	1M	10M(Ω)
				碳膜系列通用电位器				
	功率绕线型电位器							
		绕线型电位器						
		精密绕线型电位器(多转型)						
				导电塑料型电位器				
			碳膜系列半固定电阻					
				金属陶瓷型微调电容器				
		绕线型半固定电阻						

　▶ 总阻值挡(step)——最大电阻值的设定

　　相当于固定电阻器的电阻值挡。在可变电阻器以及半固定电阻器中，一般不是用 E 系列，而是用 1-2-5 挡的电阻值调整。

　　也有支持 1-2-5 挡的中间值的种类。可以考虑为"半定做(semi custom)品"

　▶ 公差——表示值和实际总阻值之间的偏差

　　在可变电阻器和半固定电阻器中，由于滑动的关系，难以利用切缝(槽)、修整的方法调整总阻值，通用产品的精度一般是±10%～20%。

　　也有用于固定电阻器公差调整的情况，半固定电阻器本身公差不太好，也是有点自相矛盾。

　▶ 温度系数——基于温度的总阻值变化率

　• 可变电阻器

　　由于耐磨性，电阻材料的种类少，除了高精度绕线型以外，基本上都不太好。碳膜系列一般都标明温度系数。

　• 半固定电阻器

　　成为主流的金属陶瓷基本上与±200ppm/℃程度和厚膜型的金属膜电阻相同。

▶ 额定功率——可连续承受的功率

• 可变电阻器

像功率绕线型一样,产品规格为 1/10W 到数十 W。

• 半固定电阻器

根据调整用途,一般是 1/2W 以下。

▶ 额定电压——可连续承受的电压

• 可变电阻器

相当于固定电阻器的最大使用电压。如图 2.1 所示,有电极之间的额定电压和电极-箱体(转轴)之间的额定电压。

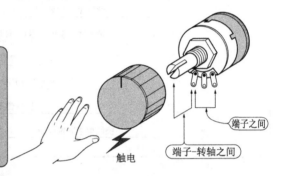

可变电阻器除了各端子之间的额定电压以外,还必须注意各端子和箱(转轴)之间的额定电压。例如,如果在电子调光电路和CRT的焦点调节等使用不合适的种类,就可能引起触电等事故。对于这种用途有利用树脂箱体及转轴提高端子-箱体之间额定电压的产品。

图 2.1 可变电阻器有端子之间的额定电压和各端子-转轴之间的额定电压

• 半固定电阻器

以固定电阻器为标准,一般在数百 V 以下。

▶ 故障方式——可变电阻器的破坏方法

可变电阻器以及半固定电阻器,一般都是滑动电极由于摩擦及接触不良而成为开放式。是一种即使电路设计打开,也不用担心会造成大灾害的结构。

▶ 寄生电感和寄生电容——大于固定电阻的寄生参数

• 可变电阻器

绕线型,尤其是高精度型,由于分辨率的关系,匝数多且电感大。与固定电阻相比,寄生电容也因滑动部的配件及电阻的表面积而变大,难以在视频波段以上使用。

• 半固定电阻器

与可变电阻器一样,绕线型电阻需要注意电感。与可变电阻器不同的是,寄生电容稍大。

▶ 噪声——注意可变电阻器

• 可变电阻器

电阻自身的噪声受材料左右。与其相比,滑动片的滑动噪声则更厉害。

另外,还有滑动振动小的导电塑料型以及滑动片不摩擦电阻的爪型等。也需要在没有无用直流偏置电流等电路上下工夫。

· 半固定电阻器

调整后的特性和固定电阻器类似,但要注意直流偏压和最大滑动次数。

▶ 规格——大于固定电阻器

· 可变电阻器

外形有规格化产品和厂家独自规格产品。由于滑动结构,比相同规格固定电阻器的体积大。在转轴和滑动长度以及电极中有许多变化。

· 半固定电阻器

厂家之间一般都有尺寸互换性。小型表面安装用产品非常敏感,处理时必须格外注意。

▶ 价格和购买性——规格产品和半定做品

· 可变电阻器

由于电气、机械规格以及操作填充的不同,价格也由几十日元到超过十万日元不等。市场上流通的可变电阻器除了 RV 系列等少数规格产品以外,可以认为大部分都是需要大量订货的半定做品(semi-custom)。

· 半固定电阻器

价格根据电阻材料和转数而不同。没有像可变电阻器那种数十元~数百日元的大差别。除了特殊产品外,厂家之间都有互换性,容易买到。

2.1.2　可变电阻器及半固定电阻器的特有参数

▶ 分辨率和设定性——电阻的细小程度和调整界限

分辨率是指电阻的微小变化除以总阻值,然后用百分比(％)来表示。如图 2.2 所示,由于在绕线型电阻以及爪型电阻中电阻值是离散变化的,所以分辨率是一个很重要的参数。但在其他电阻中分辨率几乎为无限小,基本上无意义。

与此相对,设定性是利用百分比(％)表示包括实际调整时的滑动片、以及减速齿轮在内的旋转机构摆动和挠度设定界限,在应用上很重要。

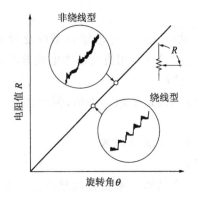

图 2.2 可变电阻器的电阻值旋转角

▶ **电阻曲线和偏差——旋转角和电阻值的关系**

• **可变电阻器**

例如,在单旋转型产品的情况下,1~3 号端子之间的电阻值通过顺时针方向旋转增加。此时的旋转角和电阻值的曲线有多种。

图 2.3 是典型的电阻曲线。B 曲线对旋转角进行线性变化。

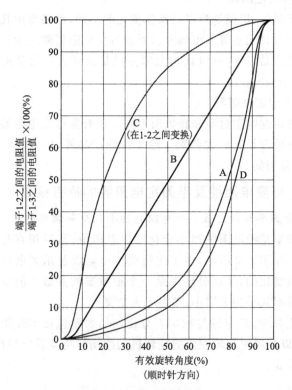

图 2.3 电阻值的变化特性

A 曲线是"开始弱,中间强"式的曲线,适用于音频音量调节。由于人的耳朵具有对数特性,如果使用 B 曲线,旋转开始时就会感到音量猛地增大。

与旋转中心总阻值有关的端子之间电阻对 B 曲线的 50% 而言,在 A 曲线中仅有 15%。

C 曲线是与 A 曲线对称的曲线,D 曲线是比 A 曲线非线性强的曲线。电阻曲线中也有以多单元连动为前提的情况。在图 2.4 表示的 H 曲线中,最强曲线用于左右平衡调整。

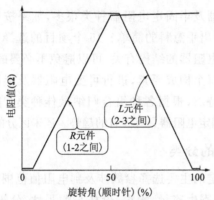

图 2.4 用于左右平衡调整的 H 曲线

曲线偏差是以百分比(%)为单位表示理想曲线和实际产品之间的偏差。B 曲线的偏差表示整个旋转角的最大值。在其他非线性曲线中,一般只是典型的旋转角定义。

一般用途不需要注意偏差,这种偏差在使用刻度盘的需要精密设定的计量仪器和控制设备中却成为问题。

• 半固定电阻器

由于是用于调整,除了特殊情况外,均为 B 曲线。

▶ 残留电阻——不完全为 0 的电阻值

在把滑动片设定在某个端时,可变电阻器及半固定电阻器的端子 1-2 或者 2-3 之间的电阻值应该是 0Ω。而实际上残留一些电阻成分,这就是残留电阻。其原因为:

(1)滑动片在物理上未达到电阻的端部。

(2)电极的电阻和滑动片的接触电阻

另外,滑动片的接触电阻随着时间恶化。

▶ 旋转寿命——可以调整到多少次为止

• 可变电阻器

在一般情况下,旋转寿命由于电阻摩擦减少或者滑动片接触体增加而受到限制。由于类型不同,有数百次至数十万次的变化。

· 半固定电阻器

是内部调整使用的元件,大部分是从数次至数百次。小型电视接收机的色调电位器都是可变电阻器,如果考虑寿命,就应该采用半固定电阻器。

2.2 可变电阻器及半固定电阻器的分类和特点

可变电阻器及半固定电阻器种类很多,如果按照构成的要素分别整理,就会出乎意料的简单。15 个项目的选择点也与可变电阻器及半固定电阻器的结构有关,可以避免不必要的烦琐。

这里根据每个构成要素,进行可变电阻器及半固定电阻器的分类后介绍其特点,根据各种组合归纳最佳种类。前面所述的可变电阻器及半固定电阻器具有固有的趋势。还未区分的为共同内容。

2.2.1 电阻的分类

由电阻决定的主要选择参数涉及到电阻值范围,公差,温度系数,寄生电感和寄生容量,噪声,价格与购买性,分辨率和设定性,旋转寿命等。与固定电阻不同的是:可变电阻器及半固定电阻器的电阻种类少,受耐磨性和耐腐蚀性等方面的限制。

▶ 碳膜系列——价格最便宜且很早以前就使用的电阻

· 可变电阻器

一般是民用,再现性好,可以通过印刷制作各种曲线的电阻。碳膜系列的电阻已有实际成果,并且不断地进行了改良。

电阻值的范围也为 $100\Omega \sim 10M\Omega$,价格便宜、容易买到。实际的旋转寿命根据厂家和种类有较大差别。专业厂家的旋转寿命长,这也是为什么具有家电部门的大厂家会生产日用生活产品的原因所在。

碳膜电阻的温度系数大,需要注意电阻比方式以外的使用方法。

· 半固定电阻器

由于温度系数大等,绝大部分是民用品。

▶ 金属陶瓷系列——半固定电阻的主流

· 半固定电阻器

厚膜金属膜系列的电阻采用金属材料和陶瓷混合物。"Cermet"名字本身也是陶瓷(Ceramic)和金属(Metal)的合成语。

可以使用印刷方法,电阻值范围在 50Ω～10MΩ,温度系数大约是±200ppm/℃,是半固定电阻的主流。旋转寿命低,基本上不用于可变电阻。

▶ 绕线型——用于高精度的电阻

绕线型电阻是按照一定的距离,把合金电阻线绕在 C 型或螺旋状的支持体。绕线型的分辨率有限,形状大,和固定电阻器一样寄生电感大,能够承受大电流。绕线型电阻耐磨性好,可耐过渡性大电流。通过使用温度系数小的电阻线,可以制作在其他电阻材料中得不到的、稳定性好的产品。

• 可变电阻器

特殊化为功率用大型(照片 2.2)和多旋转电位计(照片 2.3)等高精度产品,都属于高价格元件种类。

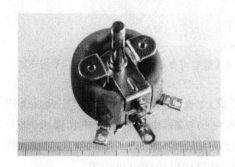

照片 2.2　功率绕线型可变电阻器　　　照片 2.3　多旋转电位计

• 半固定电阻器

由于体积大、价格高,只限于在需要温度系数小的用途中使用。

▶ 导电塑料型——耐久性和接触噪声以及操作感好

• 可变电阻器

电阻使用导电性塑料。由于耐磨损性好,滑动片振动小,具有接触噪声小的特点。但是,存在着电阻的温度系数大,得不到较低电阻值的缺点。所以,也有与金属陶瓷电阻组合起来弥补缺点的混合型。

导电塑料电阻用于检测位置的电位计、螺旋桨搅拌机等需要低转矩、平滑动作的特殊用途。

▶ 爪型——分辨率低,耐久性好

• 可变电阻器

是把电阻部和滑动部分离,滑动片不是在电阻上,而是靠与电阻相连的条纹状印刷接点部分动作。正确地说,是比可变电阻器更接近图 2.5 那种电阻电路旋转开关的结构。

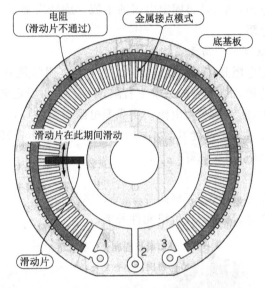

电阻
(滑动片不通过)

金属接点模式

底基板

滑动片在此期间滑动

1   2   3

滑动片

图 2.5   爪型可变电阻器

分辨率低,具有电阻不磨损,残留电阻少、稳定的特点。可以使用薄膜型金属膜等高精度电阻材料,也可以通过激光修正,进行严密的公差调整。需要精度和耐久性,用于分辨率自身有限的好的音频主电位器以及手动反射照相机的露出机构等。

另外,在其他形式电位器中只带有棘轮(click)停止机构的不是爪型。

2.2.2   单旋转或多旋转

旋转型可变电阻器以及半固定电阻器的最大旋转角未满 360°的叫做"单旋转型",大于 360°的叫做"多旋转型"。在多旋转型中,常用像"10 次旋转型"那样表示通过几次旋转达到工作电阻。当然,对于人来讲,多旋转型容易进行微调,而实际的设定还是其他的因素。

▶单旋转型——普通用途
在普通用途中,使用结构简单、价格便宜的单旋转型。

• 可变电阻器
如果是安装操作快、带有刻度的旋钮,就可以直观地把握当前旋转角(设定量),人机接口好。

这种电阻不适用于需要微调的用途。这种情况最好并用微调可变电阻(游标)或者使用后面所述的多旋转型。

- 半固定电阻器

厂家之间的互换性好,容易买到。如图2.6所示的那样,与可变电阻器一样,容易按照调整槽方向把握设定量。

实际的调整范围根据电路常数的分配决定。如果是在所需最小限度范围内进行设计,就可以在大多数情况下避免微调。

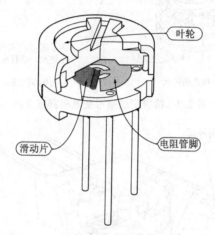

图2.6 单旋转型半固定电阻器结构例

▶ **多旋转型——精密设定用**

- 可变电阻器

多旋转型适用于需要满刻度1%以下精确设定的用途。这种用途同时要求电阻稳定性和线性的情况较多,一般采用照片2.3那种精密绕线型产品。

如图2.7所示,这种类型的电阻采用螺旋形状,滑动片螺旋形移动。电阻体长,设定性好。

电阻器形状大,价格比单旋转型的贵。由于在多旋转型中不容易知道当前的转数和位置,需要同时采用测量仪表或者专用的计数仪表。

具有大于360°检测角的电阻型旋转传感器也是多旋转型的一种。此时需要使用小转矩导电塑料或者特殊绕线型电阻。

- 半固定电阻器

在校正传感器偏差等需要严密调整时,采用多旋转型。金属陶瓷型电阻器也是主流,电阻模式有圆弧状和直线状两种。

前者是像图2.8那样,滑动部除了有涡轮减速机构以外,与单旋转型同等的紧凑。调整容易,但由于间隙(齿隙)等原因,设定方面几乎与单转型相同。难以看到结构上的当前设定量。

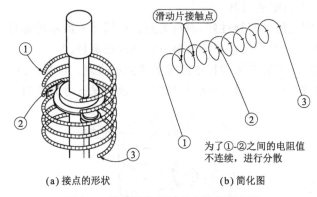

(a) 接点的形状　　　　　　　　(b) 简化图

图 2.7　精密绕线型可变电阻器概念图

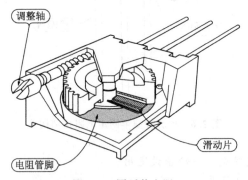

图 2.8　圆弧状电阻

后者如图 2.9 所示,是用螺丝直线转动带有滑动片的块。虽然外形细长,配置自由度小,但改进了设定。上部盖透明,便于确认调整量。

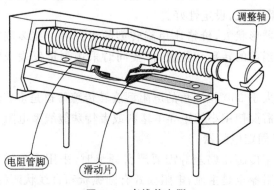

图 2.9　直线状电阻

绕线型温度系数和可靠性好，但成本高、外形不利。内部结构与可变电阻器相同，主要是转数少。

附录 电阻比方式与绝对值方式

可变电阻器和半固定电阻器的使用方法主要有电阻比方式和绝对值方式。把用于前者的叫做"电位计"；用于后者的叫做"电阻计"。

1. 电阻比方式

电阻比方式是分离电压的方式。如图 A 所示，如果把 1 号端子接到 GND，把 3 号端子接到电压源 V_i，2 号端子的电压 V_o 就根据旋转角进行 $0\sim V_i$ 变化；如果把可变电阻器（半固定电阻器）的总阻值设定为 R_1，从 2 号端子看到的阻抗进行 $0\sim R_1/2$ 变化，中间旋转角则更高。

特点是 2 号端子可以与 R_1 无关地得到 $0\sim V_i$ 的电压。如果 2 号端子的负载阻抗与 $R_1/2$ 相比特别高，V_o 就只依赖于电阻曲线。这对于总阻值的公差以及温度系数不好的可变电阻器，以及半固定电阻器是难得的。另外，使用直流时的滑动接点的移动也可以控制得很小。

如果滑动接点由于有害气体侵入而发生老化，2 号端子就成为高阻抗。例如，在图 A 的电路中，U_1 输入端子的偏压电流消失，U_1 饱和。因此，需要在添加偏置漏电阻 R_1 等电路上下工夫。在高频电路中，阻抗匹配和相位特性等限制多，使用电阻比方式较为困难。

2. 绝对值方式

如图 B 所示，使用电阻值变化的本身。也用于固定电阻器的公差调整。但是，图 B 的 V_o 不在 $0\sim V_i$ 的范围内，旋转角和 V_o 不处于线性关系。可变电阻器和半固定电阻器的公差以及温度系数反映在特性上，所以，选择产品的种类很重要。

那么，在单触发电路的例子中，如果没有 R_1 会怎么样呢。回答是"不是移动到设定时间短的一方，而是要进行最短的时间设定，如果把可变电阻转过头，IC 就坏了"。还有，在接点老化时，2 号端子就变成了高阻抗。在图 C 的电路中，把 3 号端子接到电源，可防止单触发工作停止事故。

如果使正常的直流电流流向 2 号端子,接点金属就平移,寿命缩短,所以,必须慎重进行常数设计。在必须通过数 mA 以上的直流时,为了使滑动片为"＋",需调整电路结构。

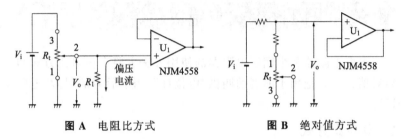

图 A　电阻比方式   图 B　绝对值方式

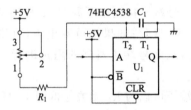

图 C　如果没有 R_1,就有破坏 IC 的情况

第3章
排电阻的结构和性能

　　排电阻是把多个固定电阻器管脚集中在一个组件。用排电阻替代分立固定电阻器的主要目的有以下两个方面。

　　第一：节省面积，节省人力。例如，在数字总线中，上拉及终端等需要多次相同电阻电路重复的情况。在分立电阻中，基板占有面积和元件点数庞大。如果此时使用排电阻，就可以达到小型化，大幅度减少元件数以及焊接点数的目的。

　　第二：利用组件中电阻管脚的成对性，寻求模拟电路的高精度。在模拟电路中，不是根据电阻值的本身决定精度，而是经常根据多电阻比决定精度。可以在这种电路中利用确保成对性的排电阻，控制成本、并提高精度。

　　本章分为以上两个目的介绍排电阻。

3.1　节省面积，节省人力的排电阻

　　厚膜排电阻适用于电阻值的精度和稳定度高，而且想要节省面积，节省人力的电路。

3.1.1　厚膜排电阻概况：最普通的排电阻

　　厚膜排电阻使用与厚膜片状电阻相同的金属膜系列材料。可以采用印刷方法制作自由度高的电阻，通过材料选择，可以覆盖很宽的电阻值范围。

　　厚膜排电阻的电阻值范围为数十 $\Omega \sim 1M\Omega$，电阻值挡（step）也在 E12 系列，终端电阻常用的电阻值按标准调整。公差为 $\pm 2\% \sim 5\%$，电阻温度系数在 $\pm 100 \sim \pm 250 ppm/℃$ 以下是标准的，所以此目的有些过分。如果以在逻辑电压中使用为前提，额定功率平均每个管脚大约为 1/4W，额定电压在 $25 \sim 100V$ 以下的值就是合适的。但必须注意组件有合计功率的规定。

在部分产品中,也有对温度系数确保±50ppm/℃程度的管脚之间跟踪特性的情况。这不如后面所述的薄膜型好,但在构成数比特简易D-A变频器等场合非常重要。

3.1.2 厚膜排电阻电路和组件

厚膜排电阻电路和组件,可以根据节省面积、节省人力的目的分成以下几种模式。

▶ 公共型

总电阻管脚的一侧内部连接在通用(公共)端子。如图3.1所示,适用于上拉及下拉。

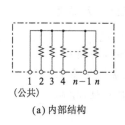

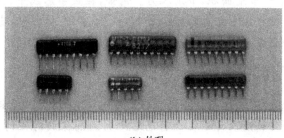

(a) 内部结构　　　　　　　　　(b) 外观

图 3.1　公共型排电阻

分立器件主要是在基板上立着插装4~10个单列直插式封装(SIP)型元件。CPU总线主要是使用16或32个元件产品。

引脚数是元件数+1,焊接点大约可减少到分立电阻的一半。另外,也有14引脚和16引脚的DIP型产品,元件数为13或15。

如照片3.1所示,表面封装主要是采用横着连接片状电阻的密封方式,电极部分有凹凸两种类型。标准是以8元件(10引脚)为单位。对角设置2个公共电极,轻松地进行元件拉出(图3.2)。

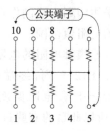

照片 3.1　表面封装用公共型排电阻　　**图 3.2　对角设置2个**
　　　　　　(BI技术(株))　　　　　　　　　**公共端子**

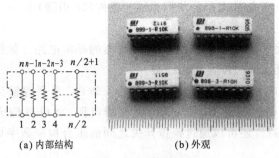

(a) 内部结构　　　　　(b) 外观

图 3.3　分立型排电阻

▶ 分立型

不是内部配线,而是分别封入每个元件。像图 3.3 所示的那样,适用于 LED 的电流限制电阻和各种总线的阻尼电阻。

分立器件主要是 7 元件和 8 元件的 DIP 型,引脚数与分立电阻相同,封装面积也基本一样。如果在基板安装 IC 插口,就可以成批变更多个电阻值,在试制板等情况下很方便。为了减小基板面积,普及了装有 2 块 SIP 型的双 SIP 型。

表面封装外形与公共型相同,由于封装机的关系,4 元件(8 引脚)是标准型,在 CPU 总线进行了多个排列。

▶ 终端型

是抑制高速数字总线信号反射的专用终端电阻。如图 3.4 所示,2 种电阻元件分别连在公共端子,相当于 2 个公共型,可以减少普通的基板面积和引脚。2 种电阻值的组合是个庞大的数目,标准品的电阻值只限于与 220Ω/330Ω 等 VME 总线和 SCSI 总线那种计量规格对应的种类,其他的作为特殊订货处理。

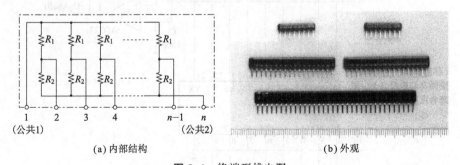

(a) 内部结构　　　　　(b) 外观

图 3.4　终端型排电阻

分立器件主要是专用面积小的 SIP 型。经常使用 16 元件(10 引脚)等,SCSI 总线终端等用户接插件使用 DIP 型。表面封装经常把 16 元件集成在与公共型相同的组件(10 引脚)中。

▶ *R*-2*R* 梯型

R-2*R* 梯型电路是一种 D-A 变频器的基本电路。如图 3.5 所示,把电阻 *R* 和 2*R* 连接为梯型。

如同图 3.6 所示的那样,如果组合 74AC 系列等输出电压可使电源振动的逻辑 IC 和 *R*-2*R* 梯型排电阻,就可以构成简易的 D-A 变频器。还可以通过模拟开关之间的组合构成数字可变衰减器。

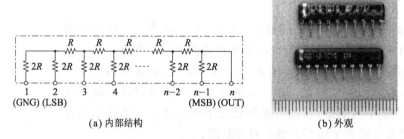

(a) 内部结构　　　　　　　　　　(b) 外观

图 3.5 *R*-2*R* 梯型排电阻

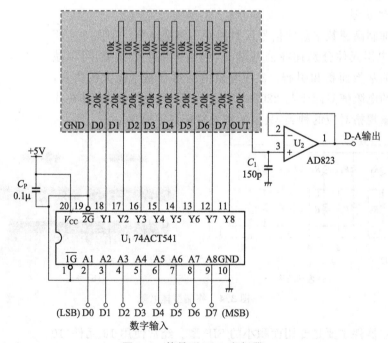

图 3.6 简易型 D-A 变频器

有 4～8 比特的,成本多少不同,只有 8 比特用的一种可以对应低比特数的电路,在精度方面也有利。

电阻 R 的标准型为 $10k\Omega, 25k\Omega, 50k\Omega, 100k\Omega$,变化小、电阻值高。组件在分立器件中一般是 6～10 引脚的 SIP 型;表面封装用一般是 16 引脚的 SOP 组件。

R-$2R$ 梯型电路的精度不是根据电阻值的本身决定,而是根据元件之间电阻比的正确度决定的。元件误差判断系数受比特的权重($1/2^n$)左右,实质精度为:上位比特元件精度是支配性的,下位比特的误差被压缩。由于是厚膜型,所以,把非线性误差控制在 $\pm 1/2SB$ 以下,把相对温度系数控制在 $\pm 25ppm/\degree C$ 以内和较小的值。

3.2 用于提高精度的排电阻

模拟电路的运算精度不是根据电阻值的本身决定,而大部分是根据多个电阻比决定的,通过使用确保成对性的薄膜型和金属箔型排电阻,可以简单地降低在分立电阻中较困难的相对误差。

3.2.1 薄膜排电阻概要:双子电阻

薄膜型金属膜电阻的精度好,薄膜排电阻的元件单体的(绝对)公差根据分类为 $\pm 0.1\% \sim \pm 1\%$,温度系数为 $\pm 25 \sim \pm 50ppm/\degree C$。

薄膜排电阻的最大优点是在小的面积中同时制作多个元件,元件之间的特性有相似点。元件之间的相对公差为 $\pm 0.05\% \sim \pm 0.1\%$,相对温度系数为 $\pm 5ppm/\degree C$ 以下等,在分立电阻中表示出难得的良好特性。电阻值范围为 $100\Omega \sim 100k\Omega$,比厚膜稍窄。

有电阻值的挡容易得到 E12 系列及 1-2-5 挡等整数比的情况。额定功率和额定电压与厚膜型相同,为了有效利用温度系数特性,最好是抑制自发热。

3.2.2 薄膜排电阻的电路和组件

▶ 相同电阻值的设定

总元件的电阻值相同,是薄膜型排电阻的基本型。

如图 3.7 所示,标准的元件数在 SIP 型大约为 2～8;在 DIP 型和 SOP 型为 4～15。为了不限制在模拟电路中的用途,大部分产品在组件内进行配线,或者是进行最小限度的连接。

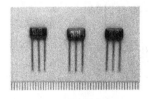

（a）SIP型薄膜排电阻

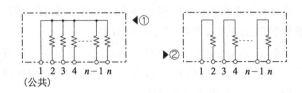

（b）SIP型薄膜排电阻的内部结构

（c）DIP型薄膜排电阻

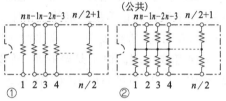

（d）DIP型薄膜排电阻的内部结构

图3.7　相同电阻值的设定

各种元件的电阻值全部相同，如图3.8所示，可以通过串联/并联组合多个元件得到各种电阻值。这种组合请参考文献[27]等，或者是通过个人计算机编制简单的程序。

～～～～～ ■ **专栏** ～～～～～

基板内的终端

CPU 的时钟频率在超过了 20MHz 时，就有人认为"很不得了"。既然 20MHz 的时钟是数字波形，那么，至少是需要 4 倍的 80MHz 的传输频带，这是 FM 广播波段的频率。在数字世界，只要是不连接元件，就不工作的时代已经到来。

在写本书时，普及型个人计算机的 CPU 时钟频率是 400MHz，总线是 100 MHz。传输频带向 UHF 过渡，基板内的信号反射产生的错误动作已成为现实问题。这样，基板模式的阻抗计算和基板内终端就是不可缺少的。例如，如果在厚度 1.6mm 的玻璃环氧树脂 4 层基板（外层基板厚 0.5mm，$\varepsilon_r = 4.7$，内层接地）的表面引出 0.15mm 宽的单独元件，那么，阻抗大约就是 110Ω，400MHz 基板上的 λ/4 就大约是 10.5cm。

必须注意，即便是比较小的基板，也会如此。

要想用 $2/5V_{cc}$ 对此进行终端，就需要大约 180Ω/270Ω 程度的组合电阻。还有，如果使逻辑信号完全匹配，就会形成振幅不足，直接招致再次反射，所以发送方也需要数十 Ω 的阻尼电阻。如果不仅需要时钟和控制线，还需要总线的基板内终端，终端的排电阻与有源终端连接器的出现就会增多。

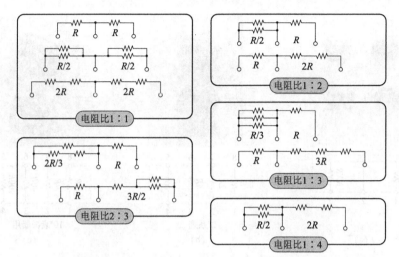

注:在电阻值为 R 的 4 个元件内得到的电阻比为以上 5 种。如果增加元件数,组合数就会迅速增加

图 3.8 可在相同电阻值的 4 个元件内得到的电阻比

如上面所述,只有相同组件内的元件,才能够良好地发挥排电阻的相对误差特性。即便是相同的产品,元件在组件之间横跨时,也会失去好的误差特性。

▶ **不同电阻值的设定**

如图 3.9 所示,是电阻值不同的元件组合。相同电阻值之间的差异只是电阻的形状和修整量保持着元件之间的成对性。因此,好的高精度相对公差大约为 $\pm 0.1\%$,相对温度系数为 $\pm 5\mathrm{ppm/}^\circ\mathrm{C}$。平均每个组件的元件数目少,大约为 $2\sim 4$,电阻值的范围也比单一电阻值稍微小。

电阻值组合有的是从 E12 系列中任意选择,有的是整数比组合,并且适用于衰减器的对数比。因为同时嵌入元件,所以存在着得不到极端电阻比,或者是即便得到,也有成对性不好的限制。

不同种类电阻值的组合数庞大,大部分为订做品。但是,在 $1:9$、$1:10$,$-3\mathrm{dB}$ 等通用性高的产品中有半定做品,所以,需要向厂家或代理商咨询。

▶ **R-2R 梯型**

用途和内部配线与厚膜型相同。由于在薄膜型中温度特性好,主要是 $6\sim 12$ 比特的产品。非线性误差在 $\pm 0.5\sim \pm 1.5\mathrm{LSB}$ 以下的高精度产品已经上市,几乎没有 R 值的变动。

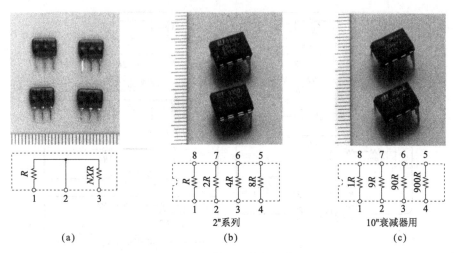

图 3.9 不同电阻值的组合

如果是分立器件,那么,组件应为 8～14 引脚的 SIP 型,表面封装为大约 16 引脚的塑料 SOP。

为了灵活利用薄膜梯型的排电阻精度,不要直接连接逻辑输出,而是需要通过模拟开关,进行高精度标准电压或标准电流转换。

第4章
固定电容器的知识

电容器与电阻器都是基本电子元件,制造销售的电容器种类比电阻器多。如果改变一下看法,现实产品与理想电容器就有较大的差距。因此,要想设计实际(非纸上的)的电路,就必须理解电容器的选择重点,知道每个种类所适应的领域。

本章分为两个大项进行介绍。第一项与电阻器一样,介绍固定电容器的 14 种选择参数;第二项以电介质为中心,说明固定电容器的结构和参数之间的关系。

与电阻器不同的是电容器用来处理随着时间变化的电流。如果条件允许,建议大家同时看有关简单交流理论方面的参考书。

4.1 表示固定电容器性能的 14 种参数

4.1.1 静电容量和精度

▶ 静电容量值的范围———静电容量值的上限和下限

在电容器的选择中之所以要首先考虑静电容量值,是因为它与电阻器的电阻值相同。如表 4.1 所示,静电容量值范围窄的电容器有很多。在电介质的材料和厚度相同的情况下,要想增加静电容量,就只能增加对向面积,这样一来,就会在外形尺寸和价格上反应出来并成为限制。因此,需要根据希望的容量值,认真地选择电容器的种类。

静电容量值的单位是 F(farad:法[拉第]),由表 4.1 可知,这种单位在实际应用方面过大。因此,需要使用 p(pico)及 μ(micro)等辅助单位,但不经常用 nF 和 mF 单位。还有,在海外文献及 CAD 中一般记载为 10nF 及 2.2mF,而日本则一般像 0.01μF 以及 2200μF 那样表示。

表 4.1 各种静电容量范围

1p	10p	100p	1000p	0.01μ	0.1μ	1μ	10μ	100μ	1000μ	0.01	0.1	1	10(F)

云母

低介电常数陶瓷

苯乙烯

聚丙烯

对聚苯硫

聚脂

高介电常数系列/半导体陶瓷

非固体型铝电解

双极性铝电解

固体型铝电解

固体钽电解

湿式钽电解

电气双层型

注: 电容器的种类庞大,这里只表示典型的静电容量范围。表中的各种电容器根据结构和目的,有各种各样的产品群,即便是同一种类,也未能够包括上述的容量范围。

▶ **静电容量挡——静电容量的设定方法**

静电容量值的调节(line-up)与电阻器一样,采用 E 系列。如前面所述,电容器的容量像电阻一样很难调整,难以根据同一材料,通过修整分别制作出各种值的产品。正因如此,难以设定电容器的微调节,E6 或 E3 系列已经普及。

设计电路时可以考虑大致的电容器静电容量挡,例如在时间常数电路中,电阻值方面允许的参数设计是标准的。

▶ **容量公差——电容器表示值和实际静电容量间的偏差**

电容器一般不能通过制造后的修整调整容量,所以,通用品公差为±5%～±20%,不太好。用于旁路电容器等高介电常数系列陶瓷电容器的公差如表 4.2 所示,为−20%～+80%,这在电阻中是难以想像的。

表 4.2 容量误差

符号	颜色	误差/pF
C	灰色	±0.25
D	绿色	±0.5
F	白色	±1
G	黑色	±2

符号	颜色	误差/%
F	茶色	±1
G	红色	±2
J	绿色	±5
K	白色	±10
M	黑色	±20
Z	灰色	+80/−20
P	蓝色	+100/−0

(a) 10pF 以下时　　　　(b) 超过 10pF 时

容量公差也可以通过并用半固定电容器进行补正,在大小上超过数千 pF 是不现实的。因此,需要设定不进行补偿也可以的电路,或者是即便进行补偿,也要在其他产品上下功夫。例如,需要能够在半固定电阻补偿电路上下功夫。

▶ 容量温度系数——因温度产生的静电容量变化率

电容器的容量温度系数依存于电介质材料。与电阻不同,有的虽然在数十 ppm/℃ 以下,但其他种类由于温度上升 50℃,容量仍然在一半以下,电容器的容量温度系数处于一种好坏不分的状态。

容量温度系数的表示方法也根据种类有所不同。在温度补偿用低介电常数系列陶瓷电容器中,像－200±50ppm/℃ 那样,一起表示温度系数和偏差;在薄膜电容器等中档种类中,像±350ppm/℃ 那样,只是表示偏差。无论是变化率,还是非线性,在高介电常数系列陶瓷等电容器中,也都应该像＋20％/－80％@－25～85℃ 那样表示出温度范围。有的电容器在产品目录中不表示温度系数。

4.1.2 最大额定和极性

▶ 额定电压——可对电容器连续加的最大电压

为了在电容器中加大静电容量-体积比,使用非常薄的电介质。如果对电容器加压,则薄的电介质承受很大的电场强度,从而形成大的电气或机械应力。如果超过额定电压,就会破坏介电常数,毁坏电容器。此时也有发生短路或起火的情况,必须严格遵守额定电压的参数。

额定电压的表示如图 4.1 所示,有直流(DC)和交流(AC)两种。直流表示是按照通用小型电容器和极性电容器规定的,用两个电极之间的最大峰值电压规定。因此,在平滑电路和连接电容器中,直流部分＋交流部分的峰值不得超过额定电压值。交流表示是像"250VAC"那样表示电容器的耐压规格,这种规格是以在电机相位电容器等交流中使用为前提的。此数值表示正弦波有效值,如果换算成直流表示,就相当于额定电压的 $\sqrt{2}$ 倍以上。

在进行电路设计时,一般使用额定电压稍微大的电容器进行耐压延迟。在铝电解电容器中,如果使用电压和额定电压之间有过大的差别,就有可能发生故障。

AC表示

DC表示

DC 额定电压	AC 额定电压
16V	12V
25V	20V
50V	40V
100V	75V
200V	100V
250V	150V
400V	200V
630(600 V)	250V
1000V	400V
2000V	500V

有效值(50/60Hz)

图 4.1   额定电压的 AC 表示和 DC 表示

▶ **极性——电极有无±区别**

如图 4.2 所示,电极的±区别是电解型电容器所特有的。电解型电容器的特点是静电容量比体积大,这是因为对有微米凹凸的电极,在电学方面形成薄的电介质膜。如果有反向电压,就会产生分解反应,损伤电介质膜。在铝电解电容器中有一点儿的反向电压是没有关系的,但作为一种原则,任何情况下都不要有反向电压。

电解型电容器中也有双电极都带电介质的双极性产品。

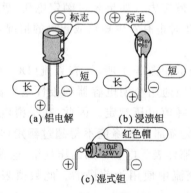

(a)铝电解   (b)浸渍钽

(c)湿式钽

图 4.2   电解电容器的极性表示

▶ **使用温度系数——电容器的耐寒/耐热温度**

有的电容器对温度条件要求很严,这就需要确认与自发热配合使用的温度条件。在电介质使用了塑料薄膜的电容器中,也有在大约 85℃ 软化的耐热温度低的电容器,必须注意功率电路等附近有发热体的情况。

使用了水溶性电解液的非固体型电解电容器如图 4.3 所示，介电常数在低温时下降，在高温时产生电解液蒸镀，是温度条件要求较严的电子元件的代表。

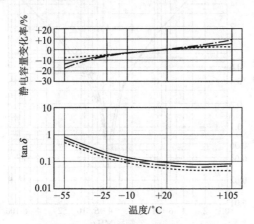

图 4.3 由低温下电解液的电导率降低引起的特性恶化

4.1.3 与理想电容器之间的差别

▶ 频率特性——潜在电容器中的线圈及电阻

正如本书中所介绍的一样，电容器的阻抗 Z_c 为：

$$|Z_c| = \frac{1}{2\pi f C}$$

其大小与频率 f 成反比。

即便是现实中的电容器，在低频中也是如此。由图 4.4 可知，在中途下降较陡，如果超过自谐振点，$|Z_c|$ 就翻转上升，这是因为像图 4.5 那样，电极和导线产生了寄生电感。

由于电容器本来的静电容量和串联谐振电路，所以，在自谐振点的前后加 $|Z_c|$，相位变乱。

图 4.6 是普通非固体型铝电解电容器的频率特性。与图 4.4 不同，这些图形的底部比较平滑，这是由于图 4.5 的 R_c 表示的串联电阻部分过大而引起的。另外，R_c 的大部分是电解液的电阻部分。

▶ 电介质损耗角正切（$\tan\sigma$）——电介质损失

在理想电容器中，只要流过正弦交流电流，电容两端就会出现相位迟延 90° 的电压。如图 4.7 所示，对于电流 I_c，可以认为理想电容器的阻抗 Z_c 偏移了 $-90°$。在实际的电容器中，像图 4.7 中

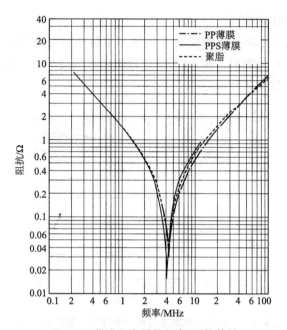

图 4.4   薄膜电容器的频率-阻抗特性

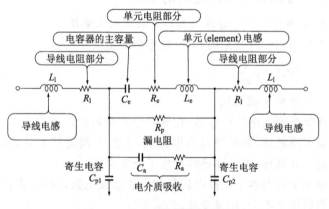

图 4.5   现实电容器的等效电路

的 Z_x 那样，相位差比 $90°$ 小一点儿，这是由于存在着与电流同相的阻抗 Z_r。Z_r/Z_c 称为电介质损耗角正切，用 $\tan\sigma$ 表示，该值由图 4.7 中理想电容器的 Z_c 和现实 Z_x 的相位差 σ 所决定。

图 4.6 的非固体型铝电解电容器是电解液的 Z_r 大的例子，在其他电容器中，电介质中仍残留着固有电介质损耗角正切，这是因电介质的分子(团)发生极化所引起的，相当于摩擦损耗。

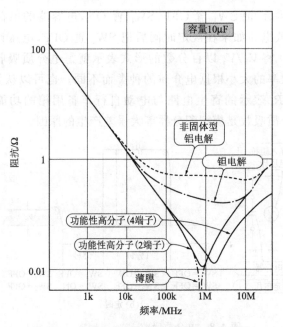

图 4.6 非固体型铝电解电容器的频率特性

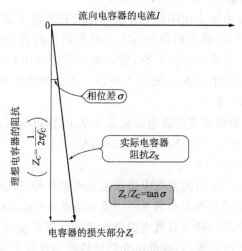

图 4.7 电介质损失

频率越大,电介质损耗角正切就越大。另外,电介质损耗角正切往往会使电容器自发热,因此必须注意大电流时的情况。

▶ 电介质吸收——电荷备用箱

首先在图 4.8 的电路中把 SW₁ 长时间置 ON,使电容器充电

到 V_a。然后,把 SW_1 置 OFF,SW_2 置 ON,电容器的电荷就通过 R_2 迅速放电。如果在规定时间后把 SW_2 置 OFF,电压计就显示电压 V_b。将 V_b/V_a 以百分数的形式表示就是电介质吸收率。电介质吸收率的大小根据电介质的种类而不同。也可以认为图 4.5 的 C_a 和 R_a 表示的寄生电路与电动自行车备用箱的功能是一样的。电介质吸收是模拟积分器等大误差产生的原因。

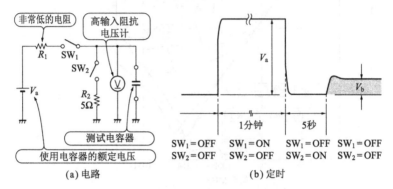

图 4.8 电介质吸收

▶ 漏电流——电荷的内部放电

实际上电容器中使用的电介质的电阻并不是无限大的。有相当于图 4.5 的 R_p 的电阻部分存在。电介质在陶瓷和塑料薄膜时 R_p 高,只要不是微小电流电路,就没有问题。在电解电容器中存在着不能忽视漏电流保证值的大问题。在这种情况下,漏电流的规定为 0.01CV 以下。

例如,如果电容器的静电容量为 $100\mu F$,额定电压为 25V,则
$$100 \times 10^{-6} \times 25 \times 0.01 = 25(\mu A)$$
故漏电流在 $25\mu A$ 以下。

漏电流是产生时间常数电路误差及电流性噪声的原因。

▶ 静电容量的电压依赖性——静电容量随电容器的电压变动

现实电容器的静电容量也因电容器的电压而变动。这种原因在于电介质的极化饱和,在低电介质的原料中是没有问题的,但在高介电常数系列以及半导体系列陶瓷电容器中却存在很大问题。

如果在过滤器和时间常数电路中使用变动大的电容器,就会成为产生错误和漂移的原因,在耦合电容器中也存在着波形失真的问题。

4.1.4 其 他

▶ **故障方式——电容器损坏时的动作**

电容器的使用限制事项很多,最容易造成损坏的原因就是超过温度范围,以及包括极性在内的耐压破坏。

塑料薄膜系列的电容器中有耐热温度低的电容器,只要温度升高,电介质就软化,电极相互接触,因短路而受到破坏。在非固体型电解系列电容器中,电解液通过高温进行蒸镀,静电容量随着寄生串联电阻的上升而减少。

在无极性的电容器中,电介质由于额定电压以上的电压被破坏发生放电,而形成短路破坏。在金属型电容器中,破坏部分的电极有根据使用条件进行蒸镀,自行恢复的作用。

如果在铝电解电容器上加过电压,或者错误地使用极性,电介质膜就会受到破坏,内压由于发热及电气分解所产生的气体等原因而上升。现在的产品大都装有安全阀,不会像以前那样遭到破坏,但有由于吹出的电解液而引起 2 次故障的可能性。固体钽电容器也会因短路而遭到破坏,由于电极的一部分使用二氧化锰,会迅速引起氧化反应而进行打火,故也有内置保险的钽电容器。

▶ **物理尺寸和价格——受静电容量和额定电压左右**

电容器的历史可以说是如何不使各种特性恶化,缩小物理尺寸的历史。

在电阻器中,即便电阻值多少有一些上升,元件尺寸也不会变大。在电容器中,需要与静电容量值成正比的对向面积。由于对应额定电压的电介质和外部装饰的厚度,在电容器的物理尺寸确实变大的同时,价格也不同起来。特性根据种类也不相同,在尺寸和价格上有较大差别。电容器不能期待像半导体那样戏剧性地缩小尺寸,但可以根据每个种类的容量和外形对应表,在电路的选择上下功夫。

4.2 固定电容器的结构和参数

电容器的选择参数比电阻器多,如果根据电容器的结构,注意相互关联的部分,就容易选择种类。

这里根据电介质和机械结构对电容器进行分类,并归纳其与各参数之间的关系。

4.2.1　基于电介质种类的电容器的分类及其特点

电容器的重要特性主要是由电介质的种类所决定的。表 4.3 归纳了典型的电介质和其特点。

如果在某种程度趋势类似的电介质之间把表中的电介质分组，对比就变得简单了。现在试把电介质划分为低容量型、薄膜型、强电介质型、电解型四种类型。每个电介质基本上按照静电容量范围的顺序排列。

表 4.3　电介质的性质和特点

电介质的种类		电介质的特点				对结构的适应性				
		相对介电常数	温度系数	介质损耗	耐热性	单板	连续	旋转	叠层	电解
云母		7.0	◎	◎	◎	○	×	×	○	×
玻璃		3.8~7.5	◎~○	◎	◎	○	○	×	○	×
陶瓷	低介电常数系列	8.5~80	◎	◎	◎	○	×	×	○	×
	高介电常数系列	数千	×	○	◎	○	×	×	○	×
	半导体系列	数千	×	○	◎	○	×	×	○	×
纸系列		3.0 左右	○	○	○	×	×	×	×	×
塑料薄膜	聚乙烯	2.2~2.3	◎	◎	×	×	×	×	×	×
	聚丙烯	2.2~2.3	◎	◎	×	×	×	×	×	×
	氟树脂	2.0~3.8	◎	○	○	○	△	×	×	×
	聚苯乙烯	2.4~2.6	◎	◎	×	×	×	×	×	×
	聚碳酸脂	3.0 左右	○	○	○	×	×	×	×	×
	PPS	23.0	○	△	○	×	×	×	×	×
	聚脂	3.3 左右	△	△	△	×	×	○	×	×
氧化铝保护膜		8.5	×1)	×1)	×1)	×	×	—	×	○
氧化钽保护膜		7.0	△1)	△1)	△1)	×	×	—	×	○
电气双层		?	×1)	×1)	×1)	×	×	×	×	○

1)：电解系列电容器不是电介质独立，而是根据产品等级(level)进行评价。? ：根据厂家而不同。

▶ 使用低容量型电介质的电容器

是云母和低电介质常数系列陶瓷电容器的群，其静电容量范围小，在数千 pF 以下，各种特性好，电介质损耗角正切以及电介质吸收小，频率特性也好，可以构成高 Q 值的频率电路。

• 云母电容器

云母是具有薄剥落性质的天然矿物，部分产品也使用合成云母。云母也能够用于半导体散热片,使用温度范围广,容量温度系数小且稳定。另外,容量公差好,如果是 10pF 以上,静电容量挡也就可以在 E24 系列设定。

云母电容器的缺点是不能使电介质非常薄,而且外形大,价格贵。

- **低介电常数系列陶瓷电容器**

电介质的主原料是氧化钛和氧化铝(瓷器,JIS 分类:种类 I)等瓷器。耐热性高、结实,也可以对应体积效率好的叠层结构。

低介电常数系列陶瓷的容量温度系数低,且为线性,可以通过添加微量单元进行调整,单独缩小温度系数,也可以补正其他元件的温度系数。因此,可以把中心温度系数和其误差合并起来,像 -200 ± 3ppm/℃ 一样定义,用表 4.4 给出的符号和色点表示。

但是,容量公差并不太好,一般是 $\pm5\%\sim\pm20\%$ 程度。

表 4.4 低介电常数系列陶瓷电容器的温度系数分布和表示

符号	色点	温度系数 /(ppm/℃)
A	金色	$+100$
B	灰色	$+30$
C	黑色	±0
H	茶色	-30
L	红色	-80
P	橙色	-150
R	黄色	-220
S	绿色	-330
T	蓝色	-470
U	紫色	-750
V	红色+橙色	-1000
W	橙色+橙色	-1500
X	黄色+橙色	-2200
Y	绿色+色橙	-3300
Z	蓝色+橙色	-4700

(a)主的温度系数

符号	误差/(ppm/℃)
F	±15
G	±30
H	±60
J	±120
K	±250
L	±500
M	±1000
N	±2500

(b) 温度系数的偏差

符号	温度系数 /(ppm/℃)
SL	$-1000\sim+350$
YN	$-5800\sim-800$

(c) 例外规定

在温度补偿型电容器中,合并表示主温度系数和偏差。例如,PH 特性表示 -150 ± 60ppm/℃。但是,在高介电常数温度系数大的元件中有 SL 和 YN 的例外规定。

▶ **塑料薄膜系列电容器**

塑料薄膜是非常薄的膜,可以大量生产。由于柔软,在结构上具有自由度大的优点,大量用于中容量的电容器。

相反,由于介电常数不太高,存在体积大,耐热温度低,使用温度范围窄的缺点。塑料的种类多,根据各种特性有很大不同,需要注意种类的区别。

• 苯乙烯电容器

苯乙烯树脂用于 CD 透明箱体,是使用历史最久的塑料。整形容易,价格便宜,但存在着耐热温度低(大约为 85℃),机械性方面容易坏的缺点。

相对介电常数低(2.4~2.6),体积大,但容量温度系数小、稳定(大约为 -170 ppm/℃),电介质损耗角正切以及电介质吸收等特性优良。由于普通的苯乙烯树脂的耐热温度低,易于溶解到各种有机酶,而且容易损坏这种特性,落后于当今的自动封装潮流。因此,目前苯乙烯电容器的制造厂家和种类在不断地减少。最近出现了控制树脂分子排列,进行结晶化,改正了这些缺点的原料。

• 聚丙烯电容器

产品俗称 PP 电容器。聚丙烯是与合成树脂桶等使用原料相

专栏

关于静电容量的表示

本书中列举的电容器静电容量涉及到 13 位数以上。根据工程学单位的通则,可以使用 pF、nF、μF、mF、F 等 5 种。在日本国内基本看不到 nF 和 mF 的表示方法。但是,欧洲等国家却经常使用。JIS 规格的表示规则为:在小容量中使用 pF;在大容量中使用 μF。

▶ 直接表示

在大型电容器中直接表示容量,由于 0.0015μF 或 1500pF 等 0 的数目增加,有不好读的情况,也有省略容量单位的情况。

▶ 数字代码表示

与电阻器一样,一般使用有效数字+乘数数字代码。

其中,把 1pF 作为基数,有效数字是 2 位。例如,"223"为 22×10^3 = 22000pF,即表示 0.022μF。记住"105"=1μF。在钽电容器等的表示中,也有把 μF 作为基数的情况。

▶ 彩色代码表示

静电容量的彩色代码表示很少见,只限于圆盘形电容器等。色带与电阻器一样,基数也是 1pF。

假设有表示为"120"的电容器,如果是直接表示且省略单位,就是 120pF;如果是数字代码,就是 12pF。因此可以拉长容量计或者制作桥。

同的树脂。是富有机械强度的树脂,容易整形。其缺点与苯乙烯电容器一样,耐热温度差,大约为85℃。

相对介电常数低(2.3左右),体积大。电介质损耗角正切在0.001以下,额定电压好,用于高频率功率。另外,由于电介质吸收小,相位混乱小,也有在高级音频以及计量器中使用的高精度型产品。

- 硫化聚苯电容器

产品俗称PPS电容器。硫化聚苯树脂是骨架具有硫磺原子的比较新的工程塑料,是机械性强度以及使用温度范围好的树脂。相对介电常数比例高,大约为23.0,电介质损耗角正切在0.018以下,温度系数也兼备±200 ppm/℃以下的良好特性。

硫化聚苯树脂能承受280℃高热温度,PPS电容器可以进行自动封装,作为薄膜系列,是惟一能够在实际使用方面进行封装的种类。

- 聚脂电容器

产品俗称聚脂薄膜电容器。聚脂树脂是美国杜邦公司的树脂薄膜商标,是作为PET螺栓以及合成纤维等带有融合性的树脂。生产薄膜厂家以及种类很多,其特性也各不相同。作为薄膜系列相对介电常数高(3~4),可以制造耐高电压的均匀薄膜,作为薄膜电容器的主流广泛使用。

但是,电介质损耗角正切略高,大约为0.01,不适用于高频率大电流的用途,容量温度系数也显示出±500~-700ppm/℃和较大的正值。另外使用温度范围不太广,除了特殊的结构产品以外,不能进行表面封装。

最近,通过进一步普及薄膜以及小型化,以薄膜型中的低漏电流和无极性为武器,正在朝着铝电解电容器和钽电容器的数μF静电容量范围转换。

- 强电介质型电容器

强电介质型电容器可划分为强介电常数系列的陶瓷电容器(JIS类别Ⅱ)和半导体陶瓷电容器(JIS类别Ⅲ)。强电介质型电容器的相对介电常数非常高,尽管是无极性,也可以得到小型、大容量的电容器。但是,包括容量温度系数在内的各种特性相当混乱,另外,还具有静电容量的电压依赖性。

与低电介质系列的陶瓷电容器外观相似,请一定不要弄混。

- 高介电常数电容器

电介质以钛酸钡（$BaTiO_3$）为主体，掺杂各种金属，加大极化率。介电常数可以达到数千～数万，可以得到体积效率好的小型、无极性电容器。

由于容量温度系数非常大，而且进行非线性变动，所以，规定了温度范围内的上限和下限。例如，在$-25～\pm85℃$的温度范围内，B 特性品为 10%，在普及型的 F 特性品的大小为$-80\%～\pm30$。与此相对应，容量公差也有从大约$\pm5\%$至$-20～+80\%$的变动。静电容量的电压依赖性也会因此而变得更高。

高介质常数系列的陶瓷电容器体积小、价格便宜，高频特性适度，经常用于电源旁路电容器等。大容量产品用于便携设备的电源等，这也进一步促进了在寿命以及使用温度范围中尚存在问题的电解电容器的发展。

- 半导体陶瓷电容器

半导体陶瓷电容器的电介质也使用钛酸钡系列材料。由于添加了金属化合物，使导电性有所不同。通过化学反应，在陶瓷粉体的表面形成了非常薄的电介质膜，将此烧结后使用。

由于实际的电介质膜非常薄，故与高介电常数型相比，可更加小型化。该部分只是额定电压变低，电介质损耗角正切也只是导电性陶瓷的电阻部分恶化。

另外，容量温度系数非常大，静电容量的电压依赖性大等缺点也与高介质常数系列的陶瓷相同。

▶ 电解系列电容器

这里所指的电解系列电容器，是为了增加电极和电介质等效表面积，使用电气化学手段和分体烧结，包括铝电解电容器在内的钽系列以及电气双层电容器。电解系列电容器原则上有$\pm$极性，也有双极使用带电介质电极的双极性电容器。

- 铝电解电容器

是最为普通的大容量电容器，俗称电介质电容器。体积小，可以得到大的静电容量，电介质的氧化铝（Al_2O_3）本身的相对介电常数不高，只有 8～10。在铝电解电容器（以下称为铝电解电容）中，通过选择性腐蚀处理，使铝箔电极（阳极）粗糙，增加表面积，并在此基础上通过化学反应，沿着微小凹凸，形成极其薄的电介质膜，以得到大的静电容量（图 4.9）。

在铝电解电容器中，阴极也使用铝箔，不能直接紧密地沿着电介质的凹凸。所以要在电介质之间夹住浸入了导电性溶液（电解液）的电解纸，或者是流入了熔点低的导电性固体后结束连接。前者叫做非固体型，后者叫做固体型。

非固体型的最大特点是静电容量范围大，为 $0.1\mu F \sim 0.1F$，静电容量挡以 E6 系列为标准，额定电压为 $3 \sim 600V$，选择范围广。但存在着不显示容量温度系数的情况多，容量公差一般为 $\pm 10\% \sim 20\%$。在使用电解液的关系方面存在着使用温度范围窄，在高温下寿命缩短，电介质损耗角正切以及电介质吸收差，漏电流大的缺点。通过电解液和化学成分工艺的改进，正在不断地开发可以弥补这些缺欠的种类。

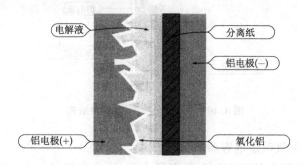

图 4.9　铝电解电容器的结构

如果电容器内部混入氯等卤素离子就会老化，所以，要使用氯丁二烯等系列粘接剂。还必须注意人的汗中也含有很多的氯离子。如果长时间放置不用，电介质膜就会逐渐融化，出现漏电流增加的情况。如果此时加接近额定电压的电压，过一会儿（指老化）就有电介质膜缺损被修复，恢复到正常的情况。

固体型大幅度改善了环境特性及频率特性，但静电容量范围窄，最大为数百 μF，额定电压也低，最大为 30V。

• 钽电解电容器

电介质为氧化钽（Ta_2O_5）的电容器，有湿式和固体型两种。在阳极，把金属钽的粉沫烧结变硬，加大表面积，通过电气化学反应，附上氧化钽的薄膜作为电介质。和铝电解电容器一样，电介质薄膜有微小凹凸，不能直接带有阴极。湿式是把电极浸入到金属箱中充满的电解液中后进行气密封。固体型是通过高温，使电介质表面析出二氧化锰，填充微小凹凸间隙，在上面烧结石墨层进行涂层后，利用银色钯等与阴极连接（图4.10）。

钽电解电容器作为电解系列的电容器具有以下优点：频率特

性好,可以达到较高的频率;电阻低;静电容量范围大约为 0.1～100μF;额定电压低,大约为 3～35V。但耐大脉动电流弱,如果不严格遵守极性,就会由于短路而遭到破坏。

湿式钽电解电容的漏电流少,可靠性高,但物理尺寸大,价格高。固体型钽电解电容器的平均容量体积小,使用温度范围也广,寿命长,漏电流的保证值在低漏电流型的铝电解电容器方面具有很好的特性。

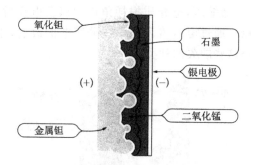

图 4.10 烧结型固体钽电容器结构

• 电气双层电容器

这种设备处于电池和电容器之间,没有肉眼可以看到的电介质膜。如果接触不同种类的材料,就会在界面产生电位差。

电气双层电容器使用活性炭电极,用含有特殊有机物质的电解液充满整体。这样一来,就在电解液和活性炭的界面产生电位差,电解液中的离子均匀地在活性炭的界面定向,形成厚度基本上为 1 个分子大小的很薄的电介质膜(图 4.11)。这种定向用非常小的电位差(1～1.5V)就可以简单地破坏掉。如果是该电位差(1～1.5V)以下的电压,就可以根据活性炭膜的表面积和极其薄的定向膜厚,作为大容量电容器发挥功能。

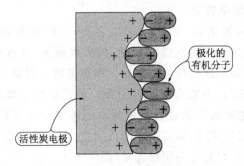

图 4.11 电气双层电容器的电极界面

电气双层电容器的静电容量范围的容量非常大,为 $22000\mu F$ ~10F。为了得到实用的额定电压,把上面所述的电池串联,做成 2.5~5.5V 的产品。由于其他各种特性不好,只限于存储器备用等用途。尤其是由于串联电阻成分大,不能在平滑电路使用,而且漏电流大,不适用于长时间备用。

和镍-镉电池(cell)相比较,电气双层电容器的充电速度绝对快,有在新半导体记录媒体等方面开辟用途的可能性。

4.2.2 基于电容器结构的分类和特点

电容器的结构复杂且种类多。主要划分为单板型、穿心式、旋转型、叠层型、非固体电解型、固体电解型、电气双层型等 7 个种类。

这些结构受电介质的种类限制,不能自由选择。具体情况归纳为表 4.5。由电容器的结构所决定的主要选择参数为使用温度范围,频率特性,电介质损耗角正切,物理尺寸和价格等。

表 4.5　电介质的种类和限制事项

电介质的种类		限制事项
云母		特性好,价格高
玻璃		高电压,低漏电等特殊用途
陶瓷	低介电常数	各种特性好,低容量
	高介电常数	无极性、大容量,特性失调
	半导体系列	
	纸系列	含浸矿物油、石蜡
塑料薄膜	聚乙烯	用于聚乙烯可变电容器等
	聚丙烯	tanσ 小
	氟树脂	用于高频等特殊用途
	聚苯乙烯	有历史,特性好,但有终止的趋势
	聚碳酸脂	作为薄膜,耐热性好
	PPS	耐热性高,可以 SMT 化
	聚脂	主要是薄膜系列
氧化铝保护膜		大容量电容器的代表
氧化钽保护膜		高密度,精细
电气双层		用于超大容量、备用

▶ 单板型

作为单板型的典型例子,图4.12示出了圆盘状陶瓷电容器的结构。单板型是基于电容器结构,在圆盘状的陶瓷电介质的两面通过蒸镀,附上圆形电极。把导线连在这里进行整体绝缘涂层后,为了用于防潮,浸渍石蜡。根据参考文献[28],即便是2条长5mm的导线,也能形成约10nH的寄生电感,所以,在UHF频带以上的高频中作为不带导线的"焊接电容器"使用。

单板型具有不出现频率特性恶化,就可以对应硬电介质的结构,不便于加大对向面积,主要用作小容量的电容器。

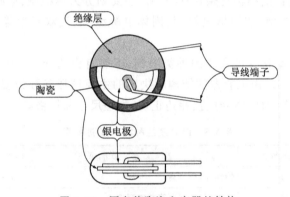

图4.12 圆盘状陶瓷电容器的结构

▶ 穿心式

如图4.13所示,穿心式是在同心圆盘状电容器上做成法兰形状。在高频电路及微小信号电路中密封是必不可少的。如果只是为了接收密封内外的信号和电源收受,单纯地开孔,密封效果就会下降[1]。

如果此时使用穿心式电容器,就可以维持密封效果,进行信号交接。穿心式电介质使用成型自由度高,高频特性好的陶瓷材料。

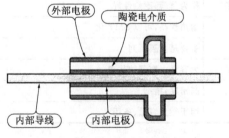

图4.13 法兰穿心式电容器的结构例

▶ 旋转型（线圈型）

旋转型如同图 4.14 一样，使相互不同的 2 个电介质和两个电极重叠，边维持电容器的结构，边把这个揉成卫生纸那样的团形状。并且电极的外部也可以与另一个电介质构成电容器，静电容量是成团形以前的 2 倍。

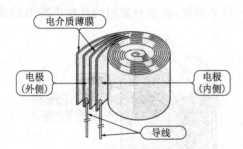

图 4.14　旋转型电容器的结构

旋转型电介质必须有弹性，多用于薄膜型电容器。旋转型的断面成线圈形，高频特性因寄生电感而恶化。因此，需要在中途进行反绕，或制作出在电极引出方法上下功夫的无感应型的产品。

• 旋转型使用的电极种类

电极种类有金属箔型、金属型、混合型。

金属箔型比较结实，电极的电阻成分少，不使电介质损耗角正切恶化，由于金属箔厚度及电介质之间的空隙，很难实现小型化。由于振动和压力，即便是很小的静电容量，也有变动。

金属型是在电介质直接进行金属真空蒸镀后作为电极。此方法可以使电极薄到极限，从而小型化。即便电介质有气孔，但通过该部分的电极蒸镀，也有自恢复能力。电极薄，有电阻部分，不能在大电流用途中使用。苯乙烯等一部分树脂中有不能使用物性金属型的情况。

混合型为了弥补相互缺点，在金属型的基础上组合了金属箔，外形稍大。混合型只用于 PP 电容器的一部分。

▶ 叠层型

叠层型是把电介质和双方电极相互重叠起来，从而增加对向面积（图 4.15）。在叠层型中，电极的两侧构成电容器，故效率高。与单板型一样，不使频率特性恶化就可以使静电容量增加。因为没有电介质弯曲，所以也能够对应无柔软性的材料。为了把双方电极归纳起来拉到外部，一般使用低熔点电介质，需要一定的耐热性。

在各种陶瓷电容器中,在烧成前的片状材料的面上印刷电极材料,然后叠合在一起进行一体化烧成,适用于叠层型。多数使用金属处理的聚脂及 PPS 薄膜制造叠层型薄膜电容器。

图 4.16 的云母电容器是在机械方面进行叠层的独一无二的例子。

叠层型容易小型化,表面封装用的片状电容器已成为主流。

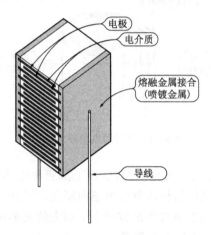

图 4.15　叠层型电容器的结构

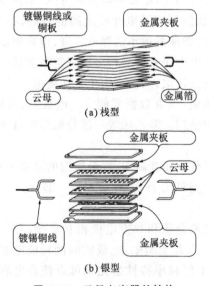

图 4.16　云母电容器的结构

▶ 非固体电解型

图 4.17 是作为非固体电解型,表示铝电解电容器的例子。

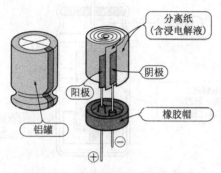

图 4.17 铝电解电容器的结构例

在带有电介质的阳极两侧放置用电解液浸过的电介质(薄的日本纸),避免阴极之间短路,然后像旋转型那样卷上,放在铝罐子里面,再用橡胶帽封装。包装罐和橡胶帽带有用于防爆的阀。包装罐由于专利关系,根据厂家和种类,有图 4.18 所示几种。包装罐在阴极盖上带有"一"标记的热收缩管。包装罐在电气上不是中性的,而是具有接近阴极侧的电位,必须注意短路及触电。

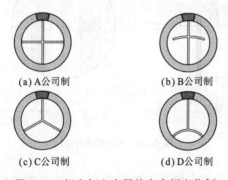

图 4.18 铝电解电容器的安全阀变化例

图 4.19 作为非固体型的另一个例子列举了湿式钽电容器。阳极的单元与液体电解液一同被封装在银或钽阴极箱中。产生气体的可能性少,封装需要实施严格的密封。

▶ 固体电解型

固体型的铝电解电容器使用可熔融的导电性固体替代液体的电解液。作为导电性的固体有 TCNQ 络盐(图 4.20)和功能性有机塑料(SP 帽:松下电子元件等)。

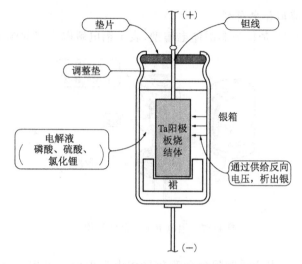

图 4.19　湿式钽电容器的结构例

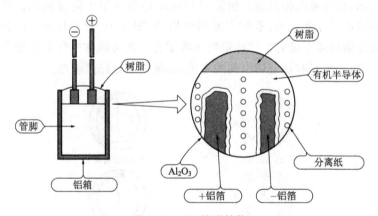

图 4.20　OS 锥形结构

　　与传统的使用电解液的电容器相比,固体型的铝电解电容器的任何一种特性都有了大幅度改进。

　　作为固体型钽电容器,一般浸在图4.21的那种环氧树脂中进行绝缘涂层,俗称浸渍钽。与湿式一样,也有密封的高可靠性产品。由于固体型的电解电容器没有电解液,所以,具有串联电阻小,频率特性好,电介质损耗角正切小的特点。

　　▶ **电气双层型**

　　图4.22是电气双层电容器的1个电池结构例。在双方电极之间放入网状的细小分离膜防止短路。用特殊的电解液充满整体。

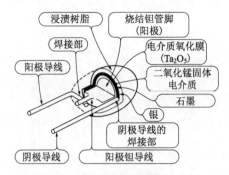

图 4.21 浸渍钽电容器的结构例

电池本身具有硬币型电池那样的结构,将其串联重叠,点焊安装导
线架。

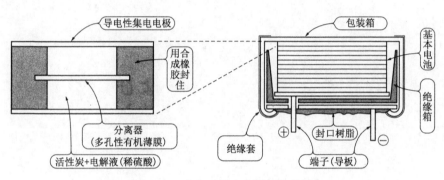

图 4.22 电气双层电容器的结构例

第 5 章

可变电容器及半固定
电容器的结构和性能

本章也如第 2 章的分类所述,把以用户进行调整为前提的电容器叫做可变电容器;主要用于机器内部调整的电容器叫做"半固定电容器"。

可变电容器主要用于调谐。近几年来,由于采用了可变容量二极管(可变电抗器)的电子调谐的普及,使用可变电容器的机会,以及产品种类也愈来愈多。由于电路的数字化和无调整电路的发展,半固定可变电容器的使用频率正在减少。可以说,可变电容器对于各种振荡电路的调整及相位补偿仍是必不可缺的元件。

如同第 4 章所述,"静电容量的大小与对向面积成正比"。由于可变,也有机械性限制,得不到大容量。由于与可变电容器及半固定电容器之间的差异较大,所以种类不太多。

本章主要介绍可变电容器及半固定电容器特有的选择参数,具体的种类结构和性能将在后面介绍。

5.1　可变电容器及半固定电容器的特有参数

5.1.1　最大容量和最小容量

最大容量是旋转可变电容器及半固定电容器的动片,把静电容量设定为最大时的静电容量值。"××pF 的可变(半固定)电容器"的值表示最大容量(多连时平均每个单元的最大容量)。最大容量值与动片和定片之间的最大重叠面积及对置数成正比,与间隙长度成反比,基本上与固定电容器相同(图 5.1)。

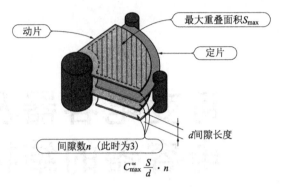

$$C_{\max} \propto \frac{S}{d} \cdot n$$

图 5.1 可变电容器及半固定电容器的最大容量

最小容量是动片和定片之间结合最疏,静电容量设为最小时的静电容量。在调谐用可变电容器的情况下,残留一些最低容量,防止从接收波段漏掉;在其他可变电容器及半固定电容器中,一般是尽量减少最小容量。此时也有端子的寄生电容及动片的杂散电容,最小容量不完全为 0(图 5.2)。

如果把可变电容器及半固定电容器安装在面板或基板上,实质的最小容量值就随寄生耦合和元件容量增加。设计电路时不仅需要元件单体,而且需要估计了这种杂散电容的参数设计。

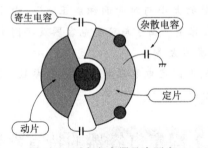

图 5.2 可变电容器及半固定
电容器的最小容量

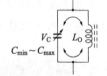

图 5.3 并联谐振电路

5.1.2 静电容量比

静电容量比是用最小容量除以最大容量的值,是构成谐振等电路时的重要参数。现在,用电感为 L_0 的线圈构成图 5.3 所示的谐振电路时,最大谐振频率 $f_{\max}$ 和最小谐振频率 $f_{\min}$ 可以使用可变电容器或半固定电容器的最大容量 $C_{\max}$ 和最小容量 $C_{\min}$,分别计算为:

$$f_{\max} = \frac{1}{2\pi\sqrt{L_0 \cdot C_{\min}}} \qquad\qquad (5.1)$$

$$f_{\min} = \frac{1}{2\pi\sqrt{L_0 \cdot C_{\max}}} \qquad\qquad (5.2)$$

由式(5.1)和(5.2)可知,最高调谐频率和最小调谐频率之比为

$$\frac{f_{\max}}{f_{\min}} = \sqrt{\frac{C_{\max}}{C_{\min}}} \qquad\qquad (5.3)$$

由此可知,最高调谐频率和最小调谐频率之比依存于静电容量比的平方根,无论怎样在电路上下功夫,都得不到大于这个的频率。

相反,可以像图 5.4 那样缩小频率可变范围,并联连接固定电容器,通过缩小表面静电容量比来实现。

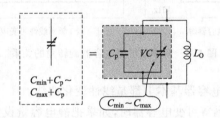

图 5.4　通过追加固定电容器缩小可变范围

5.1.3　极　性

这里所说的极性不是电极的±区别,而是动片和定片的区别,与旋转型的固定电容器和内侧电极的区别相同。

由于半固定电容器及固定电容器的结构简单,故调整部和箱体连接在动片侧的情况较多。此时,如果不把动片侧的电路连在低阻抗侧,就不能根据杂散电容按照设计动作,或者是由于变动,破坏稳定性。

在可变电容器及半固定电容器中,极性有从外观看到的情况。也有的产品为了区别极性,在箱体上做缺口或者做彩色点。

5.1.4　静电容量曲线

静电容量曲线是表示旋转轴的旋转角和静电容量关系的曲线,相当于可变电阻的电阻值曲线。如图 5.5(a)所示,可以通过扇形叶片,简单地制作相当于静电容量与旋转角成线性变化的电阻的 B 曲线部分。

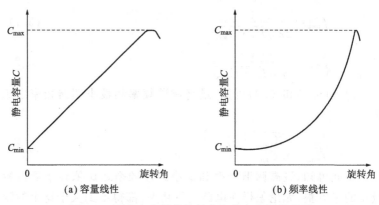

图 5.5 可变电容器的旋转角和静电容量的关系

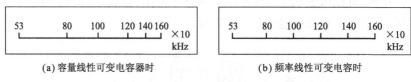

(a) 容量线性可变电容器时　　　　　(b) 频率线性可变电容时

图 5.6 频率和可变电容器旋转角的关系

　　各种微调电容器基本上都是线性变化曲线。

　　在用于调谐等可变电容器时,如果把静电容量设为 C_x,调谐线圈的电感设为 L_0,调谐频率 f_0 就像前面的公式那样,表示为

$$f_0 = \frac{1}{2\pi \sqrt{L_0 \cdot C_x}} \tag{5.4}$$

也就是说,调谐频率与 C_x 的平方根成反比,如果使用容量易于进行线性变化的可变电容器,就会像 5.6(a)那样,频率高的刻度缩短,频率低的延长,不容易选台。

　　如果使用静电容量按照旋转角的二次函数变化的 5.5(b)那种可变电容器,刻度就会像 5.6(b)那样均匀接近。由于实际上有杂散电容,要求曲线稍微严格。这种可变电容器有时也叫做频率线性可变电容器。

5.2 可变电容器及半固定电容器的种类和特点

5.2.1 可变电容器

▶ 空气(介质)可变电容器

如照片 5.1 所示,不特别使用电介质,即电介质是空气的可变电容器。空气可变电容器的结构简单,介质损耗小,可以把 Q 值设得高,从真空管时代开始广泛使用。

如果介电常数为1,考虑叶片之间的短路,叶片的厚度和间隙幅度就不能变窄,尤其是用于 AM 收音机的容量相当大。所以,进入晶体管时代后,紧接着就要依次向聚乙烯过渡,目前已经在计量仪器以及大功率电路以外看不到了。

叶片用苯酚树脂和滑石制的基极以及调整片固定,由于金属部分露出,需要封装在密封箱的里面。

▶ 聚乙烯可变电容器

如照片 5.2 所示,在叶片与叶片之间放入聚乙烯片,静电容量按照接近聚乙烯的相对介电常数(约 2.1)的倍率增大。还有,由于用聚乙烯片防止叶片间的接触事故,可以按照小的间距配置薄叶片,大幅度地缩小平均最大容量的体积。随着晶体管收音机的普及,调谐用可变电容器已成为主流。

聚乙烯可变电容器被装在照片 5.2 树脂盒子中。超外差式接收机除了同时收纳多个单元外,大部分都是内置微调整用的聚乙烯半固定微调电容器。聚乙烯也用于同轴电缆,即便是高频,介质损耗角正切也小,基本上不使电路的 Q 值下降。但是,聚乙烯树脂由于软化温度低,大约为 70℃,需要注意焊接。

聚乙烯可变电容器从收音机的世界驱逐了空气可变电容器,现在正进行可变容量二极管的量产和 PLL 电路集成化,由于小型化和高功能化的市场要求,普及型收音机中没有可变电容器的情况增多。

5.2.2 半固定电容器(微调电容器)

▶ 空气(介质)微调电容器

微调电容器的结构本身与空气可变电容器相同,特性好。微

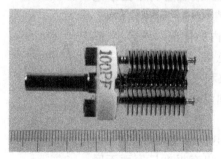

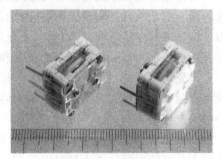

照片 5.1 空气(介质)可变电容器　　　　**照片 5.2** 聚乙烯可变电容器

调电容器如照片 5.3 所示,外形非常大。

现在的用途只局限于高频大功率的阻抗匹配等,基本上看不到。也有没有空气微调电容器就不能成立的电路。我认为这种空气(介质)微调电容器虽然今后不引人注目,但也会保存下去。

▶ 聚乙烯微调电容器

在原理上是聚乙烯微调电容器的半固定版。使用单连、厚的叶片和聚乙烯片。外形如照片 5.4 所示,是接近空气微调电容器的小型版。

静电容量通过印刷和树脂基极元件颜色表示。需要在封装和使用时,考虑聚乙烯的耐热性。

聚乙烯微调电容器的使用正在减少,制造厂家也受到限制,是中功率的高频电路调整必不可少的元件。

照片 5.3　空气(介质)微调电容器　　　照片 5.4　聚乙烯微调电容器

▶ 陶瓷微调电容器

电介质使用低介电常数系列的陶瓷圆盘的电容器。由于不使各种特性恶化就能实现小型化,故已成为现在的半固定电容器的主流。

结构是在带有半圆形动片电极的基板上,装上带有半圆形电极的低介电常数系列陶瓷圆盘,作为动片用带有槽的轴固定中心。为了抑制杂散电容的变动,也有装入金属箱内的情况。外形小,静电容量的表示大部分取决于箱的颜色和颜色点。

陶瓷耐热性高,可以自由控制介电常数和厚度,不改变外形,就可以制作几种最大容量产品。最大容量和温度系数的组合大部分都进行连动。

在陶瓷微调电容器中也有动片和定片电极区别困难的产品。这种产品有的在箱体做上缺口以区别极性。也有根据厂家而不同的情况,必须进行确认。

▶ *活塞微调电容器*

如照片 5.6 所示,活塞微调电容器是圆筒状的半固定电容器。在高频电路和高阻抗电路中,用作微小容量的调整。

活塞微调电容器有两种,一种是使筒内外圆筒形电极的重叠面积发生变化;另一种是调整圆筒端电极之间的距离。无论是在玻璃、还是在陶瓷筒的管内部,都有螺纹圆柱状的动片电极。工作原理是:通过旋转螺丝,使动片电极进出筒内进行调整。如果换个说法,也可以说是多旋转型微调电容器。

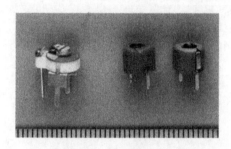 

照片 **5.5**　陶瓷微调电容器　　　　照片 **5.6**　活塞微调电容器

第6章
电阻器的选材与应用

各种记录和文献中记载了各种各样的电路,就是没有具体地涉及应该怎样使用元件。

本章根据6种电路例子,介绍从设计电路方面考虑的电阻种类的选择方法。电路的种类甚多,但如果吸取每个事例思考过程中的精华,就能够在大部分的电路中应用。

▶6个设计事例概况

① LED的限流电阻(碳膜电阻)。只是电源灯的例子。用没有比这个再简单的电路考虑选择电阻的基本事项。

② 数字电路的上拉电阻(厚膜排电阻)。讲述数字电路中上拉电阻的意义和对接的方法。

③ 8比特精度的5倍放大器(薄膜金属膜电阻)。以传感器和个人计算机用A-D板之间所需的电平转换用放大器为例,考虑有关精度和温度系数。

④ 高精度绝对值电路(薄膜排电阻)。为了用使用了OP放大器的理想二极管制作高精度全波整流器,介绍有效的双电阻的使用方法。

⑤ 电流检测电阻(金属板电阻)。考虑检测采用低电阻充电电流的电路和4端子电阻。

⑥ 光放大器(高电阻型金属膜电阻)。根据高灵敏度光放大器的例子,考虑对高电阻杂散电容的应付办法和保护。

6.1　LED的限流电阻

6.1.1　用＋5V直流电源使LED灯亮

首先从电源灯电路用的电阻选择方法开始介绍。

图6.1是发光二极管(LED)和电阻电路,LED在＋5V电源

出现期间发光。虽是简单的附加电路,如果装在增设卡上,就可以在接通电源中减少不小心拔出的故障。

这只手的电阻"在 5V 系列中带有 330Ω"等比喻的说法很多。只要电源电压和 LED 的种类改变,马上就失去一般性。

这里可能会感到有一些复杂,现在考虑基本电阻选择。即便是 1 个电阻,也要边考虑各种条件,边进行设计和选择。

6.1.2　LED 的特性与限流电阻

LED 的寿命是半永久的并且容易使用,现在基本上从指示器的世界驱逐了白炽灯泡。LED 正如它的名字一样,是"发光的二极管",没有图 6.1 的 R_S,直接连到电源上就会有很大的电流流过,会使 LED 老化以至坏掉。

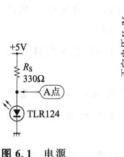

图 6.1　电源
指示器电路

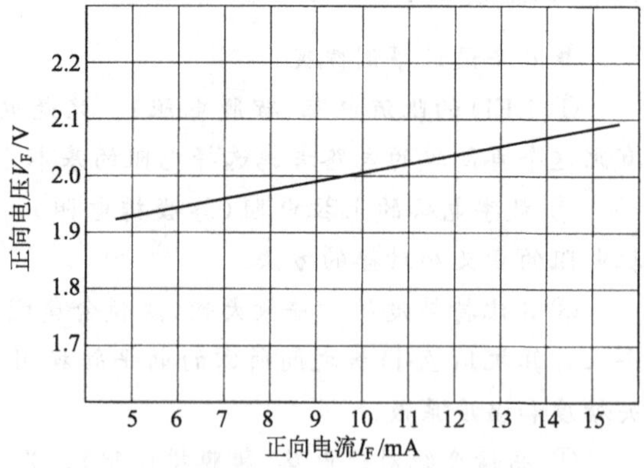

图 6.2　TLR124 的正向电流-正向电压特性

由于这种灯的目的是只要能够在室内程度的亮度中确认亮就可以,所以采用通用的小 LED 就足够了。这里作为 φ_3 的红色 LED 的例子,使用 TLR124((株)东芝)。LED 的发光亮度大体上与正向流动的电流成正比。LED 正向电流的最大额定电流为 20mA,大约该部分的一半用于灯亮。

图 6.2 是 LED 的电流-电压的特性图。由此图可知,在正向电流 $I_f = 10$ mA 时,正向电压 V_f 大约是 2V。附近即便多少有一些电流增减,LED 的电压基本上也不会变化。

顺便说一下,最大电流及 V_f 的值也根据 LED 的发光颜色和种类而不同。V_f 基本上不随额定电流以内的正向电流而变化。

6.1.3　电阻值的权衡

下面计算求电阻值。如前面所示,在连接适当的 R_S,使 10mA 的正向电流流向 LED 时,图 6.1 的 A 点电压大约是 2V,R_S 所需的电压为 5V−2V=3V。这样,根据欧姆定律,要想用 3V 电压获得 10mA 电流,R_S 的值应为:

$$3 \div (10 \times 10^{-3}) = 300\Omega \tag{6.1}$$

如果单纯考虑,电阻值的计算就完成了。而实际简单计算求出的电阻器值不容易买到的情况较多。正如第 1 章所述,市场上销售的电阻器的电阻值基本上在 E 系列就可以配齐。

实际上,用式(6.1)求出的 300Ω 也正好包括在 E24 系列。如同 E24 系列一样,不支持细小挡位,即便是支持,也有难以购买的情况。

现在进行容易买到和亮度变化的权衡。此例的目的是确认电源。能够确认正在发光,亮度的误差适当就可以。

所以,要使用容易买到的 E6 系列、尽可能接近电阻值 330Ω。把电阻值变更到 330Ω 后的 LED 电流大约为 9.1mA,比 300Ω 时约暗 10%,是使用方面没有问题的范围。还有,电阻的消耗功率小,为

$$3 \times 9.1 \times 10^{-3} \approx 27 \text{ (mW)} \tag{6.2}$$

6.1.4　误差不严格

现在考虑误差。如前面所述,用途就是只要能够确认灯亮,多少有一些误差也可以。那么,在把多块卡片并起来使用时,亮度误差明显就困难。由于考虑人的视觉灵敏度,规定了 ±20% 的亮度误差。这意味着电流误差为 ±20%,R_S 的误差为 ±20%。实际上也有 LED 的发光效率误差,过分地追求误差是无意义的。

还有,在此事例中,因电阻温度系数产生的电阻值变化的影响小,没有表面化,所以也在其他项使用。

6.1.5　碳膜电阻是否可以

电阻器的种类很多,分别具有适用领域和特点。仅是电路的限制事项就不少,大部分种类都可以使用。这里要考虑能否使用价格便宜、容易买到的碳膜电阻。

由第 1 章的表 1.10 可知,碳膜电阻能够满足电阻值、消耗功率、公差等所有的条件。根据占有面积选定了 1/6W 的电阻。330Ω±5% 的产品彩色代码为橙色、橙色、茶色、金色。

6.1.6 小 结

最初用 LED 额定电流一半的 10mA 计算得到 300Ω。由于考虑电路的目的和得到性，改变为 330Ω。同样，误差还可以，即使从消耗功率考虑，普通 1/6W 碳膜电阻也是可以的。在用简单易懂的电路来考虑使用一般产品时，设计者不在电路图中特别标明。

这里给出了用＋5V 电源使一个红色的 LED 亮的例子。如果像"限制电阻为 330Ω"那样定式就困难。如果情况改变，电阻值和电路也改变。在本章最后的附录中介绍其他的模式，请大家动脑筋想一下。

6.2 数字电路的上拉电阻

图 6.3 是在数字电路中经常看到的上拉电阻的例子。电路通过约 30cm 的带状电缆，每秒钟从左侧装置的 U_1 向右侧装置的 U_2 传送 2 位 BCD 数据。

在此电路还未使用 U_1 的 OE 端子接通 U_2 侧的电源时，禁止 U_1 输出。防止 U_2 因"锁定"而被破坏。

6.2.1 上拉电阻的作用

上拉电阻正如其名字所示，是为提高信号电平所接的电阻。那么，为什么需要上拉电阻呢？这个是人们不太考虑的问题。下面我们从三个方面来分析上拉电阻的作用。

▶ 确定电平

当 CMOS 系列逻辑输入端子为高阻抗时，上拉电阻可以防止输入电平不确定。高阻抗一般出现在拆卸连接器或者禁止 3 种状态的信号源输出时。

在这种状态，输入电压会因噪声和静电而变化，如果输入电压在临近电压范围内，大的连续电流就从 IC 电源流向 GND，或者产生寄生振荡(图 6.4)。这不仅会影响到电路的本身，而且也妨碍其他电路工作。为了避免这种现象，需要通过上拉(下拉)电阻，用 H 电平或 L 电平确定输入电平。

对此，在 74ALS 系列等纯粹的 TTL 中，输入端子的释放与 H 电平相同，不需要用于确定电平的上拉电阻。

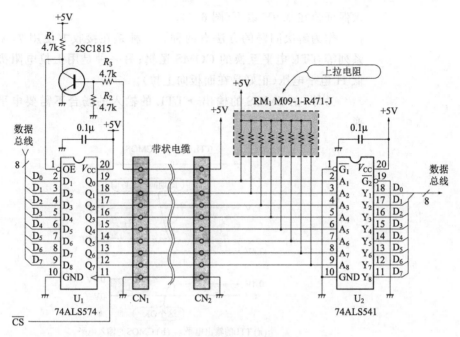

图 6.3　使用了上拉电阻的数字电路

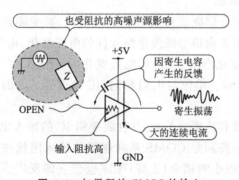

图 6.4　如果释放 CMOS 的输入

▶ 电平变换

上拉电阻可以把 TTL 的输出电平变换到 CMOS 的输入电平。74ALS 系列等纯粹的 TTL 逻辑输出的 H 电平电压不是 5V，标准值为 3.4V，最低保证值也只不过是 2.4V。如果直接将该电压连到电平为 5V 的 CMOS 系列逻辑上，接收方的 H 电平输入保证值就在 3.15V 以上，如果运气不好，就不能作为 H 电平识别。

对此，L 电平的 TTL 输出保证值在 0.4V 以下，CMOS 的输入保证值在 0.9V 以下(图 6.5)。

作为解决问题的方法有两种。一种是在接收方使用 74ACT 系列等 TTL 电平互换的 COMS 逻辑;另一种是用上拉电阻提高低 H 电平电压(正好是在面板向上拉)。

另外,在 CMOS 的输出→TTL 的输入的场合不需要电平变换。

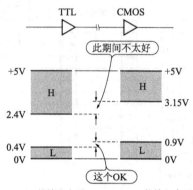

(a) TTL的输出电平　　(b) CMOS的输入电平

图 6.5　TTL 和 CMOS 的电平不同

▶ **降低阻抗**

上拉电阻能够降低接收方的输入阻抗,减少噪声的混入和信号反射。如果流向信号线及电路元件的电流变化,电压也就变化。当微小电流变化 $\triangle i$ 产生 $\triangle V$ 电压变化时,把 $\triangle V/\triangle i$ 叫做阻抗,用符号"Z"表示。单位与电阻相同,用 Ω 表示。Z 的值也根据频率而不同。

由于负载和速度的关系,往往将逻辑 IC 的输入阻抗设计得比输出阻抗高。特别是 COMS 系列逻辑的输入阻抗在低频方特别高,即便是对很小的耦合(Z 高)噪声也会立即反应。如果此时对输入端子加上拉电阻,就可以把输入阻抗降到相当于电阻值的程度,所以耐噪声强。

考虑多少有些不同,在传输信号电缆和 Print Pattern 中,也有根据其形状及材料决定的固有阻抗。如果把输出-传输线路-输入的各种不同阻抗连起来,就有因信号反射而引起原有波形失真、错误动作的情况。信号反射是边缘尖锐,像等效频率高的信号那样明显。当前 IC 动作速度(不是信号速度)快,需要充分注意。

抑制反射的最基本方法就是要尽量使 3 者的阻抗匹配。上拉电阻在这 3 者中存在着阻抗容易升高,接收者输入阻抗下降的趋势。

无论是上述的哪种情况,都是上拉电阻值越小,效果就越好。基于发送方的驱动能力限制,消耗功率也同时增加。关于使用目的,如果上拉电阻不接近接收方,就没有效果。

6.2.2 电阻值的适当度

下面仔细看一下图 6.3 的电路,发送方 U_1 就是 3 状态的 TTL;传输线路是带有可装卸式连接器的带状电缆;接收方的 U_2 是 COMS。也就是说,电路的上拉电阻是以前面所述的三项为目的、非常希望采用的方法。

下面计算每个目的所需的电阻值条件。

▶ 确定电平

首先考虑 U_2 的逻辑电平的确定。由于 U_2 的输入电流小,在 $1\mu A$ 以下,禁止 U_1 输出时的漏电流($20\mu A$)大,所以要对此进行考虑和计算。

如果把 U_2 的 H 电平输入限度设定为 4.5V 以上,就为

$$(5V-4.5V)/(20\mu A + 1\mu A) \approx 23.8k\Omega$$

由此可知,22 kΩ 以下的上拉电阻即可。

▶ 电平变换

与电平确定一样,把 H 电平的限度设定为 4.5V。通过上拉,信号线电压为 U_1 自身输出电压(H 电平)以上时,微小漏电流进入 U_1。假设漏电流是与禁止输出时相等,就按照与电平确定时相同的形式,电阻值的条件为 22 kΩ 以下。

▶ 降低阻抗

最后进行阻抗计算。LS-TTL 的输出阻抗根据输出的 H 电平和 L 电平而不同。笔者只是根据实验结果,推测 L 电平时的 Z 大概是数十 Ω。

根据理论计算,普通的 1.27mm 间距的带状电缆阻抗在 110Ω 以上[4]。

U_2 单独的输入阻抗在低频频带为 1MΩ 以上,只是这个突出,从阻抗高、噪声对策和防止信号反射的观点出发,其他两个可以降低阻抗。

在上述 3 个条件中,最后一个条件实质上是规定电阻值。心里想的是把电阻值设定为接近电缆 Z 的 110Ω,这样,在 U_1 为"L"输出时,有 45mA 的电流,超过了 U_1 的额定值,同时用 8 个上拉电

阻接近 2W 的功率是种浪费。

　　所以要想完全匹配,就要把驱动电流降低到对 U_1 合适的约 10mA。作为接近 5V/10mA＝500Ω、且容易得到的电阻值,使用属于 E3 系列的 470Ω,消耗功率用 8 个上拉电阻增加 400 mW 就可以。

　　U_1 是以前边缘大的 IC,带状电缆的延迟时间大约是启动时间的 1/10,在这种程度的不匹配中,因信号反射而产生的错误动作是不能事先预料的。

6.2.3　认真考虑公差

　　各种电阻值不能恰好进行阻抗匹配,只要是低的一方没有大偏差就不会有问题。由于厂家电阻之间的偏差,需要注意 8 个信号相似性失去的情况。因此需要把每个信号线的 IC、电缆阻抗的误差假设为 ±10％左右,使误差与此相符。

6.2.4　可以对接的排电阻

　　如果归纳以上条件,前面例子 LED 亮灯就可以使用碳膜电阻,可是,要焊接 8 个相同电阻却是麻烦的。因此,在电路中使用带有 8 个元件的 SIP 型厚膜排电阻,将 16 个焊接部位减少到 9 个。

　　图 6.3 的排电阻例子中,公差为 ±5％,额定功率平均每个元件为 1/8W。关于排电阻的详细内容已在第 3 章中介绍。

6.3　8 比特±1LSB 精度的 5 倍放大器

　　图 6.6 是把满刻度 ±1V 压力传感器单元的输出放大到 ＋5 倍,连接到输入范围 ±5V 的个人计算机用 8 比特 A-D 变换插件的简单放大器。现在 A-D 变换器的误差即便是通用品,也是在 ±1LSB(0.39％)以下,所以放大器的误差不经过调整也要控制在规定范围以内。

　　电路使用高精度 OP 放大器的 OP-07CP。如表 6.1 所示,OP 放大器的最大补偿电压为 ±250μV,最大补偿电流为 ±8nA,在 －40～＋85℃的周围温度范围内确保好的特性。

　　关于 OP 放大器电路的动作请参考文献[27]。电阻器的选择是重要的,如果使用这种高性能 OP 放大器,电路精度就可以由电阻器控制。

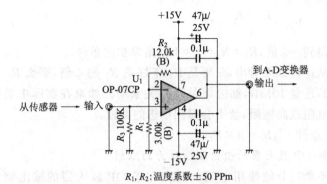

图 6.6　使用了 OP-07CP 的放大电路模块

表 6.1　**OP-07CP 的电气特性**

项　目		记号	条件	最小	标准	最大	单位
输入补偿电压		V_{OS}		—	85	250	μV
V_{OS}的温漂	无调整	TCV_{OS}		—	0.5	1.8	μV/℃
	有调整	TCV_{OSn}	$R_P = 20\text{k}\Omega$	—	0.4	1.6	μV/℃
输入补偿电流		I_{OS}			1.6	8.0	nA
I_{OS}的温漂		TCI_{OS}			12	50	pA/℃
输入偏压电流		I_B			± 2.2	± 9.0	nA
I_B 的温漂		TCI_B			18	50	pA/℃
输入电压范围				± 13.0	± 13.5	—	V
同相消去比		$CMRR$	$V_{CM} = \pm 13\text{V}$	97	120	—	dB
电源电压变动消去比		$PSRR$	$V_S = \pm 3\text{V} \sim \pm 18\text{V}$	—	10	51	μV/V
电压增益		A_{VO}	$R_L \geqslant 2\text{k}\Omega$ $V_O = \pm 10\text{V}$	100	400	—	V/mV
输出电压范围		V_O	$R_L \geqslant 2\text{k}\Omega$	± 11	± 12.6	—	V

6.3.1　电阻值是否多大都可以

首先考虑电路中 R_1 和 R_2 的电阻值条件。

▶ R_1 和 R_2 的电阻比

在一般 OP 放大器电路说明书中都会写到"图 6.6 的非反转放大器的直流电压放大率只是根据 R_1 和 R_2 的比例决定的"。也就是说,由于有

$$V_O = \frac{R_1 + R_2}{R_1} \cdot V_i \qquad\qquad (6.3)$$

要想得到 $+5$ 倍，$R_1 : R_2 = 1 : 4$ 就是最初的条件。

从这种结果看出，只要是 R_2 正好是 R_1 的 4 倍，那么 R_1 无论是 1Ω，还是 $10\text{M}\Omega$，都应该是没有关系的。如果在实际中勉强使用低电阻或高电阻，就不会得到预想的特性。

［条件 1］：$R_2 = 4 \times R_1$

▶ OP 放大器的输出驱动能力的限制

不能过分地使用电阻的理由在于 OP 放大器的输出驱动能力。

在图 6.6 的电路中，只要是 V_i 电压从传感器进入到非反转输入端子，就会在输出中出现 5 倍于 V_i 的电压。此时，在 R_1 和 R_2 中都有 V_i/R_1 的电流流动。这种电流是由 OP 放大器的输出端子供给的，但在此有限制。

OP-07 的最大输出电流大约为 20mA。如果超过该值，输出就看作是短路，OP 放大器内部的保护电路工作。

除此以外，由于 OP 放大器的输出端子还必须对外部 A-D 变换器供给电流，不能在反馈电路浪费过剩的电流。如果想要取出勉强符合规格的输出电流，OP 放大器内部的发热就变大，可能会失去好的特性。

如果把 OP 放大器最大输出电流一半的 10mA 作为限度，传感器的最大输出电压就是 $\pm1\text{V}$，所以，由 $1\text{V}/R_1 \leqslant 10\text{mA}$ 可知，R_1 为 100Ω 以上；R_2 为 400Ω 以上。

［条件 2］：$R_1 \geqslant 100\Omega$ 　　($R_2 \geqslant 400\Omega$)

▶ OP 放大器的输入偏压电流的限制

现在，考虑电阻值高的限制。作为电路 R_1 和 R_2 的值，偏压电流不能使用特别高的电阻值。任何 OP 放大器要想正常工作，都必须使微小偏压电流流向两个输入端子。把两个端子之间的偏压电流差叫做"补偿电流"。

偏压电流通过 R_1 和 R_2，在电阻的两端产生电压，这就是电压误差。由于偏压电流小，平常使用时不太注意，如果硬要使用高电阻值，就会出现大的误差。

现在，如果把反相输入端子的偏压电流设为 I_b，把输入电压设为 0V，I_b 就分成两部分电流：一部分从 R_1 流向 GND；另一部分经由 R_2 流入到 OP 放大器的输出端子。因 R_2 是 R_1 的 4 倍，故 I_b 的 $4/5$ 流向 R_1，$1/5$ 流向 R_2。

因此,如果考虑R_1,其两端将产生$4/5 \times I_b \times R_1$的电压。由于$R_1$的一侧是GND,所以要对OP放大器的反相输入端子加误差电压。即便此电压在R_2侧进行计算,也是相同的值。

还有,OP放大器中有因两个输入端子不平衡引起的输入补偿电压。这在OP-07CP中特别小,仅为$\pm 250 \mu A$。偏压电流引起的误差必须控制在该值以下。

OP-07CP的偏压电流是在8nA以下,如果根据$4/5 \times 8nA \times R_1 \leqslant 250 \mu V$进行计算,则$R_1 \leqslant 39k\Omega$。这种条件不妨碍OP放大器的基本工作,不像条件2那样重要。

[条件3]:$R_1 \leqslant 39\Omega$　($R_2 \geqslant 156k\Omega$)

目前OP放大器电路中广泛使用$10k\Omega$左右的电阻,该阻值的电阻很容易高精度化,可以考虑上述条件。在多种专业化的OP放大器大量上市的现在,如同下面专栏所述的那样,不局限于正确的选择。

专栏

超小型电阻

下面是某日关于基板安装的对话:

"接下来是此部分的漏电流问题,希望配备断开(off)端子和天线"。

"啊,是基板的这部分"。

"请稍等一下! 不要用自动铅笔写"。

"哎,如果不写上,会忘记的。"

如果在基板上用铅笔画线,电阻值就会升高,从而形成很好的碳系列的电阻。

上面的对话,有一种似曾相识的感觉(本来没有任何经验,却有曾经体验过的感觉),这也许是中学时候体验过的吧。有一天,想做杂志上刊载的电路,可是注意到没有240Ω的电阻。当时,我住在日本的四国,不能马上买到E24系列的电阻等元件。因此,就用4B的铅笔,在图形的中间全部涂抹后,用测试仪测量电阻,最后,贴上玻璃纸带应付过去。在投入本书写作后,受到了为什么没有与其他电阻一起变更参数的责怪,因为那时的我还不会看电路……。

话跑题了。基板使用铅笔系列的笔记用具是有规定的。在细尖绘图签字笔中,有的在颜料中使用碳膜,最好是不使用。

6.3.2   考虑 R_1 和 R_2 的组合

下面进行条件 1～条件 3 的归纳。

$$R_2 = 4 \times R_1, 100\Omega \leqslant R_1 \leqslant 39\Omega$$

如果单纯地从这方面考虑,就会有 $R_1 = 1 \text{ k}\Omega, R_2 = 4\text{k}\Omega$ 等无数个组合,遗憾的是此时 4 kΩ 不包括在 E 系列,很难买到。

====== 专栏 ======

为什么是 10kΩ?

模拟电路的特性是,按照电阻比决定的情况比按照电阻值决定的多。在 OP 放大电路文献中,10kΩ 的特殊电阻值引人注目。

其理由与 OP 放大器的历史有关。最早的 OP 放大器是用模拟计算机用的特殊元件制作的模块。由于该模块被置换到 μA 709 等单片 IC 中,相位补偿内置型 μA 741 的出现,迅速地普及到其他领域,因此,就根据 μA 741 的规格来解 10kΩ 之迷。

▶输出摆动和最大输出电流

μA 741 轻负载输出摆动在±15V 电源中为±12V。在电路的满刻度中,根据振幅冗余和 SN 比,以及数字断开的良好度,大多采用±10V。μA 741 的最大输出电流为±25 mA。在输出端子中,一般是反馈电阻和多个负载电阻相连,不使用低的电阻值。如果这里使用 10kΩ,平均每个电阻的输出电流就是±1 mA,电流计算也就简单。

▶输入补偿电流

μA 741 的输入电路由双极性晶体管构成,输入补偿电流最大的有 500 mA。根据这个加起来的补偿电压,从输入端子看到的直流阻抗在 10kΩ 时为 5mV。此值几乎与 μA 741 原来最大补偿电压的±6m V 等同。

▶反馈电路的轮询

μA 741 的输入电容为 1.4pF$_{(\text{typ})}$,如果包括配线电容在内,大约就是 5pF。如果把反馈电阻设定为 10kΩ,则反相输入端子电容产生的轮询频率为

$$\frac{1}{(2\pi \times 10^{-2} \times 10 \times 10^{-3})} \approx 3.18 (\text{MHz})$$

由于 μA 741 的 GB 积是 1MHz$_{(\text{typ})}$,所以把一些摆动用于他用,即便不追加相位补偿电路,也不振荡。

除此以外,还想起了容易使用 10kΩ 的理由,这并不是所有的 OP 放大器都能实现的。例如,在电流反馈型 OP 放大器中,如果不是指定的低电阻,就会干扰频率特性和稳定性。在超低消耗电流的 OP 放大器中,如果使用高电阻,不抑制反馈电流的浪费,就没有任何意义。

在 OP 放大器的性能提高并专业化的今天,必须改变什么都是 10kΩ 的思想。

为了得到这种整数比的电阻,考虑了 1.1 节中专栏的方法,这里采用从简单的 E 系列中发现的组合方法。

如果在这种方法中从 E24 系列中寻找 1∶4 的电阻对,就限制在 3∶12 或 7.5∶30。其中,属于 E12 系列的前者比较容易买到。因考虑电阻值的范围,采用了 $R_1 = 3.0$ kΩ;$R_2 = 12$ kΩ 的电阻对。

接着计算消耗功率,一般设想最坏情况。如果现在输入端子进入规定的 ±1V 以上电压,输出电压就在 ±5V 以上,没有超过电源电压 ±15V 的情况。在输出为 ±15V,确保放大器虚拟短路时,流向 R_1,R_2 电阻双方的电流相等,该值为

$$\frac{15}{(3\times10^3+12\times10^3)}=1(\text{mA})$$

由此值可知,R_1 的最大消耗功率很小,仅为 3mW,R_2 为 12 mW。

6.3.3 电阻器允许的误差

如第 1 章所述,电阻器的典型误差有公差和电阻温度系数。其中,公差表示电阻表示值(公称值)和实际的电阻值偏差,电阻温度系数表示电阻值根据温度变化,改变的最大比例数值。

现在,假设 R_1 和 R_2 为特殊电阻器,并且两者的公差和最大温度系数是相同等级。如果在 R_1 和 R_2 低的一方或高的一方同时都是相同比例,则根据式(6.3),放大度误差在逻辑上为 0(这个在以后是重要的)。但是,即使使用同一厂家的同一种类电阻也不能保证相同比例。

这里把公差和温度系数误差合计最大值设定为 ±ε(ε≥0),试考虑式(6.1)的放大率误差从 +5 倍起变为最大的不良条件:

① 在 R_1 侧有 +ε 的误差,在 R_2 侧有 −ε 的误差。

② 在 R_1 侧有 −ε 的误差,在 R_2 侧有 +ε 的误差。
其中,后者是分母变小部分,误差大。

如果在式(6.3)中代入 $R_1 = 3$ kΩ · (− ε),$R_2 = 12$ kΩ · (1+ε),则此时的放大率为

$$\frac{V_o}{V_i}=\frac{R_1+R_2}{R_1}=\frac{5+3\varepsilon}{1-\varepsilon} \tag{6.4}$$

由于目的放大率是 +5 倍,所以式(6.4)的误差 E_a 为

$$E_a = \frac{1}{5} \cdot \frac{V_o}{V_i} - 1 = \frac{8\varepsilon}{5(1-\varepsilon)} \tag{6.5}$$

如开始所述,电路允许的最大误差为 8 比特±1LSB 以下,也就是说,必须是 0.39% 以下,将该值代入式(6.5)中得

$$\varepsilon \leqslant \frac{5 \times 0.0039}{8 - 5 \times 0.0039} = 0.00244$$

这是比较麻烦的计算,必须把 ε 控制在 0.244% 这种小的误差以下。

6.3.4   电阻器的选择

由于电阻值的误差条件为±0.244%,公差也有±5%,所以不能使用温度系数不明的碳膜电阻。

那么,在元件商店经常看到的厚膜型金属膜电阻怎么样呢?遗憾的是这种电阻误差仅公差就是±2%或±1%以下,不能直接使用。当然,如果忽视无调整这一条件,并用半固定电阻,公差就接近 0。这种类型的电阻温度系数约为±200ppm,即便是按照 20℃进行严密调整,把使用温度范围限定在 0～+40℃,也是±4000ppm。也就是说,可以预想最大±0.4%的变动,但作用仍然不足。

现在寻找有无可以在薄膜型金属电阻中使用的电阻。在这种类型的电阻中,温度系数在±50ppm 以下等级的容易找到。这相当于平均每±20℃有±1%以下的变动,所以,从 ε 中引出的 0.144% 是公差允许的部分。如果是在温度系数±50ppm 以下,公差±1%(B 级)以下的金属膜(薄膜)电阻就满足条件。

在这种薄膜型的电阻中,也有在外观上难以进行厚膜区分的电阻。请在进行购买以及保存时,必须事先做好区分。

6.3.5   小 结

根据购买的容易性和 OP 放大器的特性,规定为 $R_1 = 3$ kΩ,$R_2 = 12$ kΩ。即便是在 8 比特±1LSB 的电路精度,电阻精度也需要在±0.244%以下,碳膜电阻不能使用通用厚膜型金属膜电阻。因此,决定使用温度系数为±50ppm 以下,公差±1%以下的薄膜型金属膜电阻。

由于以上原因,在电路图中对电阻值并记了误差等级(B)和温度系数。但是,在以能够看懂设计意图为前提时,有不特别记入这些的情况。

6.4 高精度绝对值电路

在 0V 附近将双极性交流信号折叠,变换为单极性直流波形的电路中,从商用电源整流电路到微波检波电路有着各种各样的用途。

如图 6.7 所示,在输入为正时输出不变,输入为负时输出反极性电压,该电路是全波整流电路。这种电路的目的是对传感器等,以及 DC～数 kHz 较低频率的电压信号进行高精度变换,一般叫做绝对值电路。

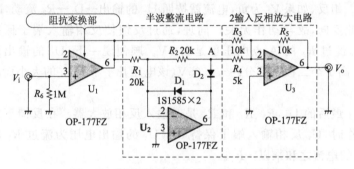

图 6.7 使用了 OP 放大器的全波整流电路

大家可能会想"全波整流电路中使用二极管电桥不好吗"。输入输出的 GND 难以在二极管电桥中达到共同化,会产生相当于 2 个二极管部分的 V_{th}(硅二极管约 1.3V)非灵敏区,与温度一起变动,不能进行正确变换。所以,像图 6.7 那样使用 OP 放大器,采用压缩二极管非线性部分的电路。

电路与事例 2 的 +5 倍放大器的后级相连,以不使用软件,作为时实谋求绝对值的电路使用为前提,把精度设定为 8 比特 ± 1LSB(0.39%)以下。

6.4.1 电路工作的确认

无论任何电路,理解电路动作是正确选择元件必不可少的步骤。首先让我们重温一下电路。

图 6.7 的 U_1 是称为电压输出器的 +1 倍的缓冲放大器。不是 +1 倍的缓冲放大器也可以。实际上此部分是由于下级电路输入阻抗稍低,防止误差增加的阻抗变换部分。因此在提高从外部看到的输入阻抗,抑制信号源和电缆电阻误差的同时,需要降低由

下级输入看到的阻抗,减小运算误差。

下面来分析 U_2 和 D_1,D_2,R_1 及 R_2 构成的高精度半波整流电路,该电路的工作稍微复杂。

V_i 为正时,电流按照 $R_1 \rightarrow R_2 \rightarrow D_2 \rightarrow U_2$ 流动。D_1 与此反向,故与动作无关。此时,为了使 U_2 的反相输入端子(一)为 0V,需要进行反馈,故上述的电流为 V_i/R_1。该电流不流入反相输入端子,而是全部从 R_2 流出,根据欧姆定律,A 点电压为 $V_i \times R_2/R_1$。在电路中设 $R_1 = R_2$,则 A 点电压为 $-V_i$。该电流通过 D_2,被 U_2 的输出吸收,U_2 的输出变为比 A 点稍低的电压(约 -0.65V),其他动作与普通反相放大器相同。

相反,如果 V_i 为负,电流就按照 U_2 的输出 $\rightarrow D_1 \rightarrow R_2$ 流动,D_2 与此反向,故与动作无关。同理,通过反馈使反相输入端子保持 0V,经过 R_2 的 A 点电压也是为 0V。顺便说一下,U_2 的输出比 0V 高 1 个二极管部分约 $+0.65$V,该电压几乎不随 V_i 的大小而改变。

最后的 U_3,R_3,R_4 和 R_5 是 2 输入反相放大器。在反馈正常工作时,U_3 反相输入端子保持 0V,U_3 的输出电压为流过 R_3 和 R_1 的电流之和乘以 $-R_5$。

假设 V_i 为正,流过 R_3 的电流为 V_i/R_3,此时在 A 点电压为 V_i,R_4 的电流为 $-V_i/R_4$。由于在电路中正好把 R_4 选择成 R_3 一半,所以,R_4 的电流大小是电流 R_3 的 2 倍,方向相反。因此,两者的电流之和正好是 V_i/R_3,电流全部通过 R_5,如果按照这种电路设定 $R_5 = R_3$,则

$$-R_5 \times -V_i/R_3 = V_i$$

出现与输入相同的电压。

这次考虑 V_i 为负的情况,首先,U_1 的输出平时为 V_i,流过 R_3 的电流也是 V_i/R_3。由于此次 A 点的电压为 0V,流过 R_4 的电流也是 0A,因此,流过 R_5 的电流就只是 R_3 的部分。U_3 的输出为 $R_3 = R_5$,所以是 $-V_i$。

这样,当 V_i 为正时,U_3 的输出为 V_i;当 V_i 为负时,U_3 的输出为 $-V_i$,故能够得到输入的绝对值。

6.4.2 考虑电阻对

如果这样考虑电路动作,就应注意电阻对。

首先,R_1 和 R_2 按照 1:1 决定 U_2 的输出增益,以及 V_i 为正时的放大率。注意后面的电路部分不是 R_1 和 R_2 的电阻值,比例

的正确程度只受 V_i 为正时的影响。

其次,R_3 和 R_4 比例为 $2:1$,R_4 只是在 V_i 为正时工作,如果比例不对,就会失去 V_i 的正和负的匹配。

$R_3(R_4)$ 和 R_5 的比例是 $1:1(2:1)$,由此决定整体电路。尤其是 V_i 为负时的放大度误差只由 R_3 和 R_5 的比例决定。

如果只是考虑公差,在上面的三个对中,$R_1:R_2$ 的对性消失,就可以像 $R_1/R_2 = R_3/2/R_4$ 那样,通过调整 R_1 解除,$R_3:R_5$ 的对性可通过调整 R_5 进行正确地匹配。

如果不考虑与温度系数误差相关的 $R_1:R_2$ 和 $R_3:R_4:R_5$ 的两组对内的电阻,电路的温度适应性就会变差。

6.4.3 决定电阻值范围

该电路中使用的 OP 放大器是市场上销售的整体 OP 放大器最高级别的 OP-177FZ。如表 6.2 所示,放大器的特性好,即便是在 $-40℃\sim+85℃$ 的温度范围,补偿电压最大为 $\pm40\mu V$,偏压电流最差也是 $\pm4.0\,nA$。

首先,把输入条件设为 $-5V\leqslant V_i\leqslant+5V$,与事例 3 的 $+5$ 倍放大器电路一样,若只是从 OP 放大器的角度求电阻值条件,则

表 6-2 OP-117FZ 的电气特性

参数	符号	条件	最小	标准	最大	单位
输入补偿电压	V_{OS}	—	—	15	40	μV
V_{OS} 的温漂	TCV_{OS}		—	0.1	0.3	$\mu V/℃$
输入补偿电流	I_{OS}		—	0.5	2.2	nA
I_{OS} 的温漂	TCI_{OS}		—	1.5	40	$pA/℃$
输入偏压电流	I_B		-0.2	2.4	4.0	nA
I_B 的温漂	TCI_B		—	8	40	$pA/℃$
输入电压范围	IVR		±13.0	±13.5	—	V
同相消去比	$CMRR$	$V_{CM}=\pm13V$	120	140	—	dB
电源电压变动消去比	$PSRR$	$V_S=\pm3V\sim\pm18V$	110	120	—	dB
电压增益	A_{VO}	$R_L\geqslant2k\Omega$ $V_O=\pm10V$	2000	6000	—	V/mV
输出电压范围	V_O	$R_L\geqslant2k\Omega$	±12.0	±13.0	—	V
消耗功率	P_d	$V_S=\pm15V$,无负载	—	60	75	mW
电源电流	I_{SY}	$V_S=\pm15V$,无负载	—	2.0	2.5	mA

$$R_1 \geqslant 500\Omega, R_2 \geqslant 20\Omega, R_3 \geqslant 1k\Omega, R_5 \geqslant 20\ k\Omega$$

但是,如事例 3 中所述,20 kΩ 的限制并不太重要,有考虑其他电路条件和权衡的余地。

D_1 和 D_2(1S1585)在电路中作为新元件而被加入。二极管的电流、电压曲线不是垂直上升的,例如,在 10nA～1mA 之间有大约 0.2V 的电压差,该电压差被压缩为 U_2 的反馈增益部分之一(最小 250 万分之 1@DC),包括二极管的上升温度在内,降低使用 R_2 和 R_4 都会产生不利的方向。因此,要满足以上条件,尽量使用高值。

6.4.4 误差计算

如在电路动作确认中所述,电路的电阻误差可分为两组考虑。

首先,R_1 和 R_2 的对与 V_i 为正时相关。根据例子,用 ε 表示公差和温度系数误差之和,电路误差之所以最大,是由于 A 点的电路增益在 R_1 有 $-\varepsilon$ 的误差,R_2 有 $+\varepsilon$ 的误差时为 $-(1+\varepsilon)/(-\varepsilon)$。

其次是 V_i 为正时,在 R_3,R_1,R_5 的组合中,输出增益偏离较大时,R_3 和 R_4 有 $-\varepsilon$ 误差,R_5 有 $+\varepsilon$ 误差,如果进行该时的增益误差计算,则

$$\frac{2(1+\varepsilon)}{(1-\varepsilon)} - 1 \leqslant 1.0039$$

变为二次式后稍微麻烦,解得 $\varepsilon \leqslant 0.0487\%$,这是个条件很严格的值。

在 V_i 为负时,可以只考虑 R_3 和 R_5,所以在 R_3 有 $-\varepsilon$、R_5 有 $+\varepsilon$ 时,根据

$$\frac{-(1+\varepsilon)}{(-\varepsilon)} \geqslant -1.0039$$

解得 $\varepsilon \leqslant 0.194\%$,比上面的条件松。

6.4.5 决定电阻的种类

根据以上计算,可在电路中使用的电阻器公差和温度系数的误差为 $\pm 0.0487\%$,精度非常高。

如第 1 章所述,公差通过半固定电阻可以缩小,却不能改善温度系数。温度系数在高精度电路中很重要。例如,假设 20℃ 时的公差是 0,如果温度系数在 0～40℃ 不是 24ppm 以下,则不能满足上述条件。

这样,小的温度系数就成为在普通薄膜型金属电阻中得不到的领域,如果使用特殊电阻,则被局限于包括金属箔电阻在内的超

高精度电阻。超高精度电阻的价格贵、不容易买到,尽量不要使用。

如第 3 章所述,在这种情况下使用能够保证公差和温度系数对性的薄膜排电阻的技术是有效的。图 6.8 是利用薄膜排电阻对图 6.7 的电路进行改进。

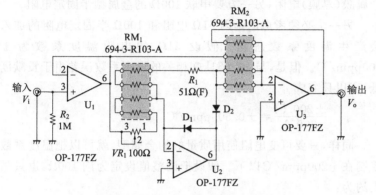

图 6.8 把图 6.7 的电路变为电阻对

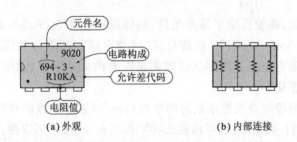

(a) 外观　　　　　　　　　(b) 内部连接

电阻值允许差代码	A	B	D
电阻值允许差(@25℃)	±0.1%	±0.1%	±0.5%
电阻比	±0.05%	±0.1%	±0.1%
电阻温度系数	±50ppm℃		
电阻温度系数跟踪	±5ppm℃		

(c) 电阻值允许差

图 6.9 694-3R10kΩ-A 的连接和特性

在该电路中使用了 2 组确保相对温度系数为 ±5ppm,相对误差为 ±0.05% 的 4 个双子 10kΩ 薄膜排电阻(图 6.9)。

在相当于图 6.7 的 R_3 和 R_5 的电阻中,每次并联排电阻的 1

个元件,产生 2 个 20kΩ。在 R_4 并联 2 个元件,作为 5 kΩ 使用。意义深远的是这种合成的电阻值都相互保证±5ppm 的相对温度系数误差和±0.05％的相对公差。

另外,相当于图 6.7 的 R_1 和 R_2 的电阻每次串联薄膜排电阻的 2 个元件,产生 2 个 20kΩ。为了调整误差,一方要串联 51Ω 的金属膜(厚膜)电阻;另一方要串联 100Ω 的金属型半固定电阻。

另一个必须考虑的是因 51Ω 电阻和 100Ω 半固定电阻的加入会产生温度系数恶化。假设 51Ω 的电阻温度系数为 ±200ppm/℃。但是,与 20.051kΩ 相关的温度系数误差由于贡献度低,所以只变成

$$\frac{\pm200.51}{20051}=\pm0.509\text{ppm/℃}$$

同样,只要可变电阻使用质量好的金属型,就可以把温度系数控制在±200ppm/℃以下。假设把调整值设定为满 100Ω,也只是大约为:

$$\frac{\pm200.100}{20100}=\pm0.995\text{ppm/℃}$$

因此,即便设定了最差条件,整体温度也在 5＋0.509＋0.955＝6.464ppm/℃以下。也就是说,这种电路把新附加的固定电阻器和半固定电阻器控制在误差调整需要的最小限度,温度系数几乎不会恶化。

当两段综合温度系数为两个块(block)温度系数的和以下时,即便是 11.46ppm,也可以在±20℃控制在±0.023％以内。这样,调整后也允许残留±0.0257％的误差。

调整是在输入端子输入负的标准电压,使输出电压通过半固定电阻与输入相同。可变范围大约为±0.1％,调整比较容易。

保证对性的薄膜排电阻是决定该电路的方法。可以不使用 2 个排电阻,而使用对性能同等的 6 个元件以上的组合(pack)电阻。相反,跨过多个组合的使用方法不保证对性。

然而,经常听到"如果使用同一厂家、同一电阻值、同一批的高精度电阻,即便是特殊电阻,也能保证一定的对性"这是不错的,可是关于对性的程度,厂家一般不作任何保证。如果用户要仔细地检验对性,就需要把近千个电阻放在恒温层中进行确认。

作为在电路中满足设计值,较容易买到的电阻对,采用 BI 技术公司制造的 8 引脚 DIP 型的 ♯694-3-R10 kΩ-A。除此以外,多个高精度电阻厂家还针对元件数量及对性等级出售多种对性电阻。

6.4.6 小 结

在这种使用多个电阻的高精度电路中,大部分是由电阻温度系数决定了。虽然也有个别使用金属箔型超高精度电阻的方法,但建议灵活使用价格比较便宜、容易购买的薄膜排电阻。

为了消除最后的剩余公差,附加了固定电阻器和半固定电阻器,由于把附加的电阻值压缩到最小限度,所以只要温度系数不恶化就可以了。在电路图中写入表示 2 组排电阻组件(对范围)的虚线围栏和具体机种名称。

附带提一下,也有像文献[27]中提到的那样,在市场销售的插件板几乎看不到使用了决定精度手段的薄膜排电阻的电路,这也是令笔者不可思议的。

6.5 电流检测电阻

我们听到"电源",一般就会联想到直流恒压电源,但在电池充电、磁设备驱动、遥测仪等设备中常用到恒流电源。

这里以快速进行铅蓄电池充电的部分电路为例,考虑电流检测电阻。

6.5.1 铅蓄电池充电电路

如果想要设计接近我们生活的电池,只是化学制品就很麻烦。铅蓄电池作为二次(充电)电池的始祖有着悠久的历史,它对电极进行改良,同时把电解液作为胶质状进行密封,即使在现在也是大容量/低价格的充电电池的代表。对于二次电池来说,如果搞错充电的方法,就会缩短电池寿命或者是招致事故。

图 6.10 是最为普通的铅蓄电池充电电路。是用比电池充电电压稍微高的电压源,通过适当的电阻进行充电。当充电接近末期时,电池电压就上升,充电电流逐渐减少,最后达到补充电状态。这种方法的电路简单,不损坏电池寿命,充电一般需要一个晚上。如果是随便提高电源电压或者是减小电阻,充电开始后就有大电流流动,充电结束后也会有大电流流动,成为过充电,损伤电池。

电池是电气化学设备,充电与放电时相反,引起电池内部电极活性物质的氧化或还原反应。该反应量是由所给的电荷量决定的,为电流与时间的乘积。如果只是在规定的时间使恒流电路工作,就不会损伤电极,进行快速充电。

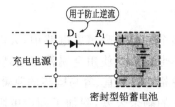

图6.10 普通的铅蓄电池充电电路

6.5.2 电路的工作

图6.11的充电电路用来给12V,6.5A·h的密封铅蓄电池充电,电池本身是1CA充电,即可以充电1个小时。假设在电路中把充电电流设定为5A,忽略损失部分,充电只需要用1小时20分钟。

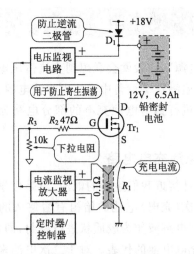

图6.11 密封型铅蓄电池(12V,6.5Ah)充电电路

首先,电源使用+18V的恒压源,通过防止逆流二极管 D_1,连到蓄电池的正极。

充电电流从电池的负极经功率 MOSFET(Tr_1),由电流检测电阻 R_1 流入 GND。在电路中把 Tr_1 作为充电电流调整用电位器使用。此时,根据欧姆定律,在电阻 R_1 的两端产生与充电电流成正比的电压。为了使 R_1 的电压稳定,电流监视放大器调整 Tr_1 的门电压。

恒定电流电路通过定时器或控制器在1小时20分钟期间接通(ON)。在充电中发现电池电压异常时,马上通过电压监视电路终止充电。图中的 R_2 是用于防止 Tr_1 产生寄生振荡，R_3 是非控制时的下拉电阻，与这里讲述的电路工作没有直接关系。

6.5.3 电流检测电阻的电阻值

为了在电路中抑制热损失，把电源电压设定为所需最低限度的 $+18V$。D_1 使用低损耗的肖特基阻尼二极管，把 5A 通过时的电压损耗降低到约 0.6V。

充电中的电池电压在充电结束时大约为 16V，此时，Tr_1 的漏-源极之间和 R_1 所需的电压合计大约只有 1.4V。

但在 MOSFET 中，即便在门极上加足够高的电压，漏-源极之间也残留着 ON 电阻。Tr_1 是非常好的 FET，最大也只有 0.1Ω 的电阻，该值与 R_1 之和乘以通过电流 5A，就会超过前面的 1.4V，使 Tr_1 失去控制能力，即

$$(0.1\Omega + R_1) \times 5A \leqslant 1.4V$$

因此，R_1 必须在 0.18Ω 以下。如果把 R_1 缩到很小，检测电压就会过小，这样就会被噪声和电流监视放大器的补偿等所埋没，所以，根据富余的情况决定 R_1 使用 0.1Ω。

在该电阻值中平均每 5A 的检测电压为 0.5V，且计算简单。另外，电阻的消耗功率为

$$0.5(V) \times 5(A) = 2.5(W)$$

6.5.4 电阻误差和 4 端子电阻

电池是电气化学设备，受温度影响大。电极的有效面积等个体差大约为 $\pm 10\%$。如果充电电流的精度也设定为 $\pm 10\%$，就对电流检测电阻分配 $\pm 5\%$，对电流检测放大器分配剩余的 $\pm 5\%$。尽管如此，0.1Ω 的 $\pm 5\%$ 是 $\pm 0.005\%\Omega$（$5m\Omega$），是非常小的值。

在这种低的电阻值中，不能忽视元件导线电阻产生的误差。并且这种电阻在充电时产生大量的热，如果把元件紧紧地装在基板上，基板上的其他元件就会发热，降低焊接的可靠性。由于电阻会在基板上浮起，或者安装在箱体后散热，所以要把导线留长。

导线是直径 0.8mm 的镀锡铜线，假设每一侧的长度为 5mm，那么，就要像图 6.12 那样，在 20℃ 的温度下串联 2 条 1.88mm 的导线电阻部分，该值与误差目标的 $5m\Omega$ 接近。由于铜的温度系数大，在 $+4000ppm/℃$ 以上，所以，发热的电阻器的导线电阻变化大。

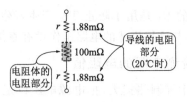

图 6.12 导线电阻部分

如果此时使用从电阻器内部电阻引出的各 2 组共计 4 根导线的 4 端子电阻,就可以很好地消除导线的影响。如图 6.13 所示,在 4 端子电阻中,电流用的 I 端子和电压检测用的 E 端子各带 2 个。

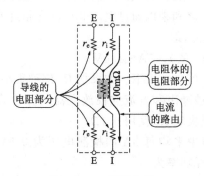

图 6.13 4 端子电阻

现在,如果两个 I 端子之间流通 5A 的电流,I 端子的 2 根导线电阻部分 R_1 就会产生电压,总计 $5 \times (0.1 + 2r_i)$,与普通电阻相同。

另一方面,在 E 端子连接使用了 OP 放大器的电流监视放大器。如果事先把放大器的输入电阻提高数百 kΩ,即便是 0.5V 检测电压,电流的监视放大器方也只是流通数 μA 的电流,所以,E 端子的导线 r_e 的电压下降为 I 端子侧的约百万分之一,实际上可以忽略。

为了在使用 4 端子电阻时,尽量不使流通电流流到 E 端子侧,需要在电路的结构上下功夫。例如,如果很容易地把 E 端子的一方连到 GND,尽管不是设计者的意图,如果 E 端子和 I 端子的 GND 侧有 2.5A 电流流动就会毁坏。为了不在 E 端子侧流动大电流有以下几种方法:

① 电流检测放大器使用阻抗足够大的差分放大器。

② 把控制系统与充电电源分开设定电源。

③ 只是从 E 端子引出控制系统的 GND,尽量缩小控制系统的消耗电流。

这里采用第一种方法。

6.5.5 用 2 端子电阻制作的 4 端子电阻

市场上销售的 4 端子电阻大多数用于高精度电路,温度系数在 50ppm/℃以下,但受制造厂家限制。

这里介绍使用普通 2 端子电阻制作 4 端子电阻的方法。

首先,测定在适用于低电阻的金属板电阻和绕线式电阻中保证 $0.1\Omega \pm 2\%$ 以下公差的产品。然后根据产品目录,查找在导线方面定义了电阻测定点的部分。最后是通过高温把 E 端子用电线焊接在电阻测量点形成 4 端子电阻。

用这种方法制作的 4 端子电阻的温度系数比专用的大,如果忽略此问题,就可以作为很好的 4 端子电阻使用。该方法并不特殊,是通过白金测温体远程测定消除电线电阻部分影响的一般技术。

6.5.6 电阻器的选定

关于 4 端子电阻,只要是知道制造厂家就能买到,价格也容易掌握。现在考虑 10W 型的实心型 4 端子金属板电阻。

这种电阻的阻值范围是 $0.01 \sim 1\Omega$,作为标准品,E6 系列的电阻值比较齐全,故 0.1Ω 的电阻容易买到。

下面考虑温度系数。在不能忽视电阻自身发热时,先求出电阻的上升温度。这种电阻是用螺丝装在散热板上的,电阻-组件的热电阻是 3℃/W(详细内容参考文献[51])。

将此电阻装在对空气具有 5℃/W 热电阻的一些散热板上时,电阻-空气之间的热电阻为 8℃/W。该电阻的消耗功率在充电中为 2.5W,所以,电阻的温度即便是最高,也只不过比周围温度高 8(℃/W)×2.5(W)=20℃。如果把装置的使用温度范围设定为 0～40℃,电阻的温度则根据充电电流,在 0～60℃的范围以内。

该电阻器的电阻温度系数非常小,只有 30 ppm/℃,这种公称电阻值在按 20℃定义时,温度产生的电阻值变动非常小,即便是最大,也只有 ± 30 ppm/℃ $\times (60℃ - 20℃) = \pm 0.12 (\%)$。

通常,从电阻器允许的总误差($\pm 5\%$)中减去了温度变动部分的 $\pm 4.88\%$ 就是公差允许部分。差很小,使用 $\pm 20\%$ 的等级比较浪费,要在电流检测放大器上再下点功夫,如果把电阻误差扩大到

±5.12%,则可以使用容易购买的公差为±5%的产品。

那么,如何使用普通 2 端子电阻呢? 0.1Ω 和低电阻值在普通碳膜等电阻中是行不通的,只局限在绕线型电阻和金属板电阻,以及低电阻型的金属箔电阻等。这里假设选定了 5W 的金属板电阻。该电阻是把金属板电阻体封装在白色的陶瓷箱体内,在距离导线根部 5mm 的部位测定时,保证±300ppm/℃ 以下的温度系数。另外,对空气的热电阻大约为 15℃/W。与前面一样,电阻的上升温度为 15℃/W×2.5W=37.5℃,当周围温度为 40℃ 时,电阻的温度则达到 77.5℃。由此可知温度系数误差为±300ppm/℃×(77.5−20℃)=±1.73%。因此,剩余的 3.27% 就是公差允许部分,故可以使用±2% 规格的电阻。最后,可以在距离导线根部 5mm 的点高温焊接 E 端子用的电线。

6.5.7 小 结

电流检测电阻从高充电电流和低损失电压变成了 0.1Ω。所以,不能忽视导线电阻和温度系数,这时就要用到 4 端子电阻。

如果使用市场销售的温度系数低的 4 端子电阻,就可以使用公差±5% 的产品。

如果使用一般金属板电阻,就要在导线的基准点焊接 E 端子用导线。这些电阻的温度系数有些高,如果有 2% 的公差就可以使用。

与其说 4 端子电阻是元件,不如说是更接近设计思想的部分,它可以按照基板模式形成 E 系列。无论哪种情况,都要在 E 电路上下功夫,以避免有电流从 E 导线侧流过。

在电路图中写入表示 4 端子电阻的符号和范围,为了正确掌握充电电流的路由,用箭头表示电流回路。

6.6 光放大器——使用高电阻时的注意事项

老照相机的曝光计经常使用硒光电池和 CdS(硫化镉)等元件。硒光电池是太阳能电池的一种,不需要电源,不适合在暗地方使用。CdS 元件是电阻值随光量进行变化,所以需要电池,可以实现高灵敏度,但在暗处的反应速度慢。

现在的照相机主要是多分割光二极管(PD)。PD 也是太阳电池的同类,一般不把光电流作为直接能源,而是与电子电路组合起来使用。PD 的特点是可以达到数位光量－光电流的线性和高速性,含有频闪观测器的背景,可以自动调光。

现在以测量 10 勒[克司]以下低照度亮度的简单照度计为例,考虑用于电流-电压变换的高电阻。

6.6.1　电路的工作

PD 具有电动势,光电量和 PD 的释放电压的关系为对数曲线,由于误差大,不适合于本次的用途。从 PD 流出的电流与光电量成正比(图 6.14),这里使用图 6.15 那种 OP 放大器的 *I-V*(电流-电压)变换电路。

组件 (mm)	受光面大小(mm)	有效受光面积 (mm²)	灵敏度波长 λ(nm)	最大灵敏度波长 λ(nm)	光电灵敏度 S(A/W)typ				I_{sc}@100lux		暗电流 I_D (V_R=10mV) max(pA)
					λ_ρ	GaAs LED 560nm	He-Ne 激光 633nm	GaAs LED 930nm	min.	typ.	
TO-5	3.6× 3.6	13	320~ 1100	960	0.6	0.38	0.43	0.59	9.6	12	20

暗电流的温度系数 T_{CID} typ. (倍/℃)	上升 t_r 时间 (V_R=0V R_L=1kΩ) typ.[μs]	端子间容量 c_t (V_R=0V f=10kHz) typ.[pF]	并联电阻 R_{sh}@V_R=10mV		NEP Typ. (W/Hz$^{1/2}$)	绝对最大额定		
			Min. (GΩ)	Typ. (GΩ)		反电压 V_{Rmax} (V)	工作温度 T_{opr} (℃)	保存温度 T_{stg} (℃)
1.12	3.6	1600	0.5	5	1.4× 10⁻¹⁵	30	−40~ +100	−55~ +125

(a) 电气规格

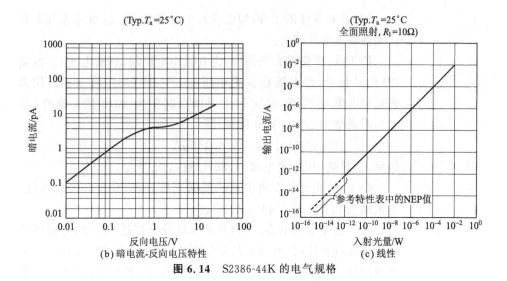

(b) 暗电流-反向电压特性　　　(c) 线性

图 6.14　S2386-44K 的电气规格

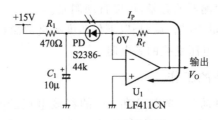

图 6.15　*I-V* 变换电路

PD 的阴极通过 R_1 和 C_1 的滤波器施加 $+1.5V$ 的反向电压,把自电动势产生的非线性抑制得很小。PD 的阳极连到 U_1 的反相输入端子,只要 U_1 正常工作,虚拟短路就对 GND 成立。

亮度 $L_p(lx)$ 的光在对 PD 射入时,光电流 $I_P(\mu A)$ 从阴极流向阳极。由于 U_1 的非反相端子为 $0V$,I_P 全部通过反馈电阻 R_f 被 U_1 的输出吸收,所以,输出电压 V_o 为:

$$V_o = -I_P \times R_f$$

由此可知,输出电压是与光电流成正比的负电压。通过 L_P 得到的光电流 I_P 由 PD 的受光面积和变换效率,以及波长特性决定。

假设这里使用的 PD 光电灵敏度 K 平均每 $100\ lx$ 为 $12\mu A$,则

$$V_o(V) = -0.12(\mu A/lx) \times L_P(lx) \times R_f(M\Omega)$$

从而可以测定亮度。

6.6.2　使用光二极管时的注意事项

PD 是非常好的元件,但也有几个注意事项。这里考虑其中有代表性的 3 个注意点。

第 1 点,即便没有光照射,也有微小电流漏出(暗电流)。根据 PD 产品目录,暗电流在偏置电压 $-15V$、$20℃$ 时,为 $15pA$(代表值),是非常小的值,温度每上升 $1℃$ 就变为 1.12 倍。这样,在 $40℃$ 时就变为 1.12 的 20 次幂,即

$$15 \times 10^{-12} \times (1.12)^{20} \approx 145pA$$

但是,这只是 $10\ lx$ 光电流($1.2\mu A$)的 0.012%。

第 2 点,光灵敏度的误差。根据产品目录,在 $\pm 20\%$ 以内,误差范围为 $0.096 \sim 0.144(\mu A/lx)$。

第 3 点是寄生电容。PD 的光电部分全部是 PN 结,与普通的半导体元件相比较,有很大的寄生电容,像大面积 PD 那样大。本次使用的 PD 电容大约为 $1600pF$,通过与 R_1 的组合,可能产生振

荡或者导致响应速度的延迟。

6.6.3 光二极管灵敏度的调整

本次使用的 PD 灵敏度的误差最大为 $\pm20\%$,而且必须能够进行调整。

最简单的调整方法是把 $I\text{-}V$ 变换电路的 R_1 置换为固定电阻器和半固定电阻器。如后面所述,电路常数有相当微妙的变化。从稳定性和噪声出发,尽量不附加多余的元件。电路的输出为负电压,所以,在电路的后面装有可进行 $\pm20\%$ 微调的负增益放大器,即反转放大器。这样,电流-电压变换器既变得简单,也可得到与亮度成比例的正输出。

6.6.4 决定 R_f 的电阻值和温度系数

把含有反相放大器的整体灵敏度设定为每 10 lx 为 10V。

初级的 $I\text{-}V$ 变换电路和后级的反相放大器灵敏度的分配可以考虑为无数个。从结论上讲,如果考虑噪声和补偿等,初级的 $I\text{-}V$ 变换电路的灵敏度只要是不出现不合适的情况,就尽量选择大。

OP 放大器的输出幅度是不良情况的一种。普通的 OP 放大器的输出电压根据双方电源电压,幅度为 $2\sim3$V 以内(表 6.3)。所以,要根据 ±15V 的电源,稍微留出余地,把初级的输出电压控制在 ±10V 以内。

这样,如果认为是符合灵敏度 $\pm20\%$ 的 PD,则

$$-0.144(\mu A/lx)\times10(lx)\times R_f M\Omega \geqslant -10V$$

由此可知,$R_f\leqslant6.94M\Omega$ 是其界限。在此范围容易得到的电阻值就是属于 E6 系列的 6.8 $M\Omega$。

PD 灵敏度有 $\pm20\%$ 的灵敏度误差,必须进行后级调整。因此,只要是输出饱和或者是不扩大后级调整范围,对于 R_f,使公差极小的电阻就是无意义的。

由此看出,R_f 的电阻温度系数关系到调整后的灵敏度误差,这一点很重要。例如,把工作温度设定为 $20\pm20℃$,控制在 $\pm0.39\%$(8 比特的 ±1LSB)以内的变动,R_f 电阻温度系数必须在 ±195ppm/℃ 以下。

表 6.3　LF411 的电气规格

符号	项目	条件		最小	标准	最大	单位
V_{OS}	输入补偿电压	$R_S=10\text{k}\Omega,T_A=25℃$			0.8	2.0	mV
$V_{OS}/\triangle T$	输入补偿电压（TC）	$R_S=10\text{k}\Omega$			7	20	μV/℃
I_{OS}	输入补偿电流	$V_S=\pm15\text{V}$	$T_j=25℃$		25	100	pA
			$T_j=70℃$			2	nA
			$T_j=125℃$			25	nA
I_B	输入偏置电流	$V_S=\pm15\text{V}$	$T_j=25℃$		50	200	pA
			$T_j=70℃$			4	nA
			$T_j=125℃$			50	nA
R_{IN}	输入阻抗	$T_j=25℃$			10^{12}		Ω
A_{VOL}	电压增益	$V_S=\pm15\text{V},$ $V_O=\pm10\text{V}$ $R_L=2\text{k},T_A=25℃$		25	200		V/mV
		整体温度范围		15	200		V/mV
V_O	输出电压范围	$V_S=\pm15\text{V},R_L=10\text{k}$		±12	±13.5		V
V_{COM}	输入电压范围			±11	±14.5		V
					-11.5		V
$CMRR$	同相消去比	$R_S\leqslant10\text{k}$		70	100		dB
$PSRR$	电源电压变动消去比			70	100		dB
I_S	电源电流				1.8	3.4	mA

6.6.5　R_f 的种类选择

满足 R_f 的电阻温度系数±195ppm/℃以下条件的种类有：薄膜型金属膜电阻和绕线型电阻。6.8 MΩ 这种高阻值电阻不属此范围。在普通厚膜型金属膜电阻中，电阻值即便好，也不满足温度系数条件。

现在决定使用适用于高阻值的金属膜电阻（铠装电阻）。该电阻需要边维持比较小的温度系数，边调整到大约 100 MΩ。这次选择了温度系数为±100ppm 等级的产品。

公差不要加大后级的负担，比较容易购买的为±1%。还有由于消耗电流非常少，所以选择了形状小、杂散量也少的 1/4W 的实心型。

6.6.6 后级设计

由于与后级有关,所以归纳了初级的规格。

标准灵敏度 PD 的 I_P 在亮度为 10 lx 时为 1.2μA。由于 R_f＝6.8 MΩ,故初级的输出电压为

$$-1.2\times10^{-6}\times6.8\times10^{6}=-8.16(\text{V})$$

由于后级反相放大器把初级的输出电压变换为＋10V,所以,后级的中心放大率为－1.225倍×[10÷(－8.16)]。后级的放大度需要 PD 灵敏度误差和 R_f 的公差总计±21%的可变范围。相当于－0.968～－1.483倍的放大率。

如果改写电路图,就构成图 6.16。在电路的后级使用金属型10圈的半固定电阻 VR_1,放大率大致在－0.94～＋1.56倍的范围进行变化。

6.6.7 灵活利用性能

PD 的光电流在 10 lx 的亮度下约为 1.2μA。本次的目标精度为±0.39%。如果换算为光电流,则相当于大约 4.7nA 的微小电流。

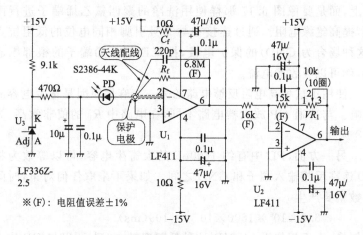

图 6.16 考虑灵敏度调整,变更图 6.15 的电路

为了灵活地利用精度,慎重地选择了 R_f 等。如果进行考虑欠缺的安装,就不能很好地利用元件性能。在初级 I-V 的变换电路中使用了偏置电流小的 FET 输入 OP 放大器(LF411CN),而反相输入端是 2 号引脚。旁边的 1 号引脚是补偿调整端子,经常产生－1.5V的电压。

如果 1 号引脚和 2 号引脚之间有漏电流,则该部分就直接成

为补偿电流,并产生误差。要想把影响控制在上面所述的 4.7nA
以下,必须把引脚之间的绝缘电阻 R_x 确保为

$$R_x \geqslant 15V/4.7nA = 3200M\Omega$$

电阻值以上。然而,OP 放大器的脚间距为 2.54mm,如果包括元
件在内,配线间隔大约为 1mm。即便条件中几乎没有焊接剂和灰
尘,也难以在一般的印制板保证高的绝缘电阻。

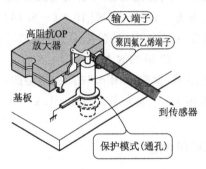

图 6.17　保护电极

在这种情况下,不是要把 2 号引脚(反相输入端子)焊接在基
板上,而是要像图 6.17 那样使用洗净的聚四氟乙烯端子进行配
线,提高绝缘电阻。通过连接在与 2 号引脚相同电位的低阻抗点
(这种场合为 GND)的保护电极,把聚四氟乙烯端子的根部围起
来,就可以吸收漏电流。

使用了这种高电阻反馈电路的另一个麻烦原因是寄生电容的
影响。与普通 OP 放大器电路不同,在电路中 R_1 的值非常高,为
6.8 MΩ。

另一方面,PD 中有约 1600pF 的大寄生电容,可以等效为将
PD 连在反相输入端子和 GND 之间。如果不采取任何对策,时间
常数就要产生

$$6.8 \times 10^6 \times 1600 \times 10^{-12} \approx 109(ms)$$

的转换,由于相位用 14.6Hz 这种低频率转 $-45°$,所以与 OP 放大
器的相位延迟一起产生振荡,即便赶巧不出现振荡,也会产生大的
振铃。

为了解决这个问题,在图 6.16 的电路中把 C_f 与 R_f 并联安
装,进行相位补偿。C_f 的求出方法请参考文献[27]。如果超出需
要,则损坏信号自身的频率特性。

因基于高阻值 R_f 的副作用也在使用寄生电容更小的 PD 时
出现,故高阻值 R_f 的物理大小不能压缩到极端小。所以会在 R_f

的端子之间产生寄生电容,在电阻表面和外部元件以及元件之间产生杂散电容。

前者与 C_f 一样,频带降低;后者除了形成 sobpool,诱导相位移位外,也有带外部噪声的情况。因此,通过示波器的探头等高电阻,在高速电路中实施密封,在固定了物理位置的基础上进行相位补偿是必不可少的。

6.6.8 事例 6 的归纳

考虑 PD 灵敏度的误差和 U_1 的输出范围,把 R_f 设定为 6.8 MΩ 的高值。为了通过该电阻值得到 ±100ppm 以下的温度系数,使用高电阻型金属膜电阻。为了进行 PD 的灵敏度误差和 R_f 的公差校正,可以在后级安装调整放大率的反相放大器。

由于是处理微小电流的电路,U_1 的反相输入端子用聚四氟乙烯端子进行天线配线,在根部设置置保护环,以防止漏电流。为了防止 PD 寄生电容产生的振荡,把相位补偿电容器与 R_f 并联安装。

在电路图中写入 R_f 的温度系数和公差,标明保环的虚线和聚四氟乙烯端子的使用注意事项。

从此例子可以看出,在使用高阻值电阻的电路中,只是靠教科书的技术是不行的。当然,也不能对本书囫囵吞枣,还要亲自做一次试验。只有亲自体验到噪声的进入方法和振荡前的不稳定,才会真正得到启发。

附录 LED 亮灯的变化

本文介绍通过 +5V 直流电源使一个红色 LED 亮的例子。这里设想了电源电压和亮灯 LED 个数等改变的情况。

1. 如果电源电压变化或者 LED 的个数增加了怎么办?

(1) 如果电源是 12V 怎么办?

即便电源是 12V,计算过程也相同。如果 LED 的种类和正向电流相同,R_s 所需的电压就是 12V−2.0V=10V,所以 R_s=10V/10mA=1kΩ。当然,kΩ 也属于 E 系列,不用考虑调整。

(2) 用 1.5V 的电池使相同的 LED 灯亮

根据结论,在 1.5V 的电池中,10mA 的电流不能流向 LED。

V_f 的值由于 LED 的发光颜色和种类而不同,一般为红色＜橙色＜黄色＜绿色＜蓝色。在蓝色时,电源大约需要 3.5V 以上。

(3) 用 1.2V 的电池使 2 个 LED 灯亮

好像可以制作两个(1)的电路,如图 A 所示,如果把 2 个 LED 和 1 个限制电阻串联,那么,只要元件减少,消耗电流就从 20mA 变为 10mA。此时的计算方法为 $(12V-2V\times2)/10mA=800\Omega$,从接近 E12 系列的值变为 $R_s=820\Omega$。

(4) 用 5V 电池使 2 个 LED 灯亮

根据(3)的例子,可以计算 $(5V-2V\times2)/10mA=100\Omega$。$100\Omega$ 也在 E 系列,看起来还可以。一般的逻辑电源大约为 $5V\pm10\%$,$\pm10\%$ 的误差为 5.5V。R_s 所需的电压为 $(5.5V-2V\times2)/10mA=100\Omega=15\ mA$,增加了 $\pm50\%$。此值最大也是在额定以下,亮度变化大。

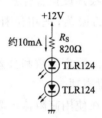

图 A   用 12V 的电池带 2 个 LED

如果综合考虑 LED 的 V_f 的偏差和温度变化,就不能强行串联,而是串联两组图 6.1 的电路。如图 B 所示,如果想要减少电阻器的数量,就要考虑并联 LED。LED 的 V_f 有偏差,电流集中在 V_f 低的一方。这样,V_f 由于温度上升而下降,陷入恶性循环,有时会导致 LED 恶化。

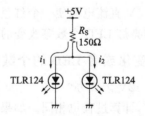

图 B   不好的 LED 多个亮灯的电路

2. 如何用 AC100V 使 LED 亮灯?

经常有在 100V 的开关盒上装有工作显示灯的情况,但白炽灯在寿命上存在一些问题。这时经常使用图 C 所表示的那种老式的带有电阻的氖灯,现在使 LED 点亮。

家庭用的嵌入式开关都采用 LED 灯。在这些电路限制中,为了防止不必要的发热,使用了电容器(图 D)。但这里是使用发热的电阻器的例子,并考虑有关延迟。虽然本例子的电路能够工作,但不实用。

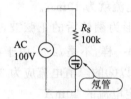

图 C 使用氖管的电源灯

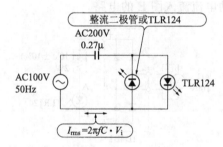

图 D 使用电容器的亮灯电路原理

▶ 首先选择电路

LED 也是一种二极管,只是在一方(也就是闪光方)流动电流。首先,LED 的反向耐压一般是数 V 程度,TLR124 时为 4V。由于这种原因,有必要通过外部二极管防止反向电压。二极管的安装方法有以下 2 种:

① 与 LED 反向并联安装。

② 与 LED 正向串联安装。

为了把发热控制在最小,采用无浪费电流的后者。也就是首先要在进行 100V 整流之后供给 LED。

下面是如何处理整流电路的工作。整流的方法有:

① 半波整流。

② 全波整流。

与其对应的方法分别有:

③ 安装电容器获取脉动。

④ 通过整流后的脉动电流亮灯。

首先考虑③或④,详细内容省略。为了把脉动设定为 5% 的程度,①需要 33μF,②也需要 15μF 以上的电容器,并且额定电压在 160V 以上,所以采用方法④。

本次来确定①或②。由于 LED 的响应速度快,所以在①的场合为 50/60Hz;在②用 100/120Hz 进行闪亮。用人的眼睛看,无论是亮,还是闪亮都是在连续地亮。如果把亮度设定为与前面的 5V 灯亮时相同,平均电流就为 10mA。

由于②的电流波形为翻转后的正弦波,所以峰值电流为 $\pi/2$ 倍的 15.7mA。像功率一样,不是 $\sqrt{2}$。由于在①中每隔半周期就有电流为 0 的期间,所以②的峰值电流应为 31.4 mA。但是,超过了 TLR124 的最大额定电流的 20mA。

正因如此,用二极管桥进行 AC100V 的半波和全波整流,通过电阻 R_s 使脉动电流流入图 E 的电路。

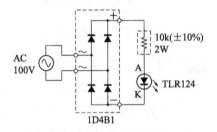

图 E 用 AC100V 使 LED 灯亮的电路

▶ 决定电阻值和公差

要想使 LED 的峰值电流为 15.7mA,首先需要计算 R_s 的值。AC100V 的峰值电压是 141V,如果对此进行全波整流,那么,二极管 2 个部分的电压就下降,大约变为 140V。从图 6.2 看出,15.7mA 附近的 LED 的 V_f 大约也是 2V,电阻 R_s 所需的峰值电压大约为 138V。则 R_s 的值为

$$138 \div 15.7 \times 10^{-3} \approx 8.79(\text{k}\Omega)$$

8.79MΩ 电阻不属于 E 系列,必须寻找近似值。

在 E24 系列也有 9.1 kΩ,但仍设定为 10kΩ。这样,峰值电流为 13.8 mA,平均电流为 8.8 mA,大约为 12%,比较暗,但用于显示是没有问题的。

在亮度方面允许大约 $\pm 20\%$ 的公差,由于峰值电流接近 LED 的最大额定电流,所以,以 $\pm 10\%$ 为限度。

▶ 消耗功率的计算和降额

流入电阻的电流、电压都可以看作是有小失真的翻转后的正弦波。在对 R_s 施加峰值电压为 138V 脉动电流时，其消耗功率与 $138/\sqrt{2}\approx97.58\text{V}$ 的 DC 电源是等效的，即 $(97.58\text{V})^2/10\text{ k}\Omega\approx0.952\text{W}$。

如果单纯地考虑，即使 1W 的电阻，在商用电源方面也有 $\pm10\%$ 的变动，所以，在 $+10\%$ 时超过了 1W，故决定使用 2W。这样，不仅是功率有富余，而且还可以轻松地降低电阻的温度，提高电阻器的可靠性和寿命。像这样，选择比本来规格富余的元件叫做"降额"。

▶ 电阻器的选择

根据前面的计算，R_s 的条件规定为 $10\text{k}\Omega\pm10\%$ 以内，消耗功率规定为 2W。

接近 $10\text{k}\Omega$ 的电阻值，作为 2W 程度的中等功率用电阻，一般选用氧化金属膜电阻。这种电阻因外形而有多种变化。这里使用商用电源，从防止漏电以及发热的角度出发，采用不燃性绝缘层的产品。

▶ 小结

首先电路选择了采用全波整流后的脉动电流流向 LED 的方式。接着由 10mA 的平均电流计算出电阻值为 $8.79\text{k}\Omega$，从购买的容易性和峰值电流出发，改为 $10\text{ k}\Omega\pm10\%$。然后计算求出的消耗功率不到 1W，根据富余程度，选择了 2W 氧化金属膜电阻，此过程叫做降额，是提高可靠性和寿命的重点。最后考虑到使用电压过高会导致发热，故采用不燃性绝缘层产品。

第 7 章

电容器的选材与应用

接着第 6 章继续用事例说明电容器的选择例子。

实际上使用的电容器种类比电阻器多,不能全部列举。电路的种类很多,本章只说明以下 7 个有代表性的电路。

我相信与电阻器的例子一样,如果能够从文章中吸取选择的整个思考过程,就一定会在选择方面起到很大作用。

▶ 7 个设计事例概况

① 电源旁路电容器(高介电常数系列和半导体陶瓷电容器)。无论是数字还是模拟,电源旁路电容器都是必须品。这里以简单的电路为例,按照一个思考方法重新考虑电源旁路电容器。

② 3 端子调节器的电容器(高介电常数系列陶瓷＋铝电解)。是使用频率高的 3 端子调节器,在此事例中稳定地使 3 端子调节器工作,并且考虑弥补其缺点的电容器。

③ 电源平滑用电容器(铝电解)。经常看到的输入型电源平滑用电容器的耐压和容量是怎样确定的呢? 这里使用极其简单的近似计算,以实现从"暂且使用大的电容器"的方式中脱离。

④ 长时间定时器(钽或叠层薄膜)。考虑有关长时间定时器电容器的漏电流和电路的调整。

⑤ 耦合用电容器(无极性电解)。以简单的视频缓冲电路为例,考虑有关耦合用电容器的选择。

⑥ 积分电容器(PP 电容器)。考虑双重积分型 A-D 变频器使用的积分电容器和电介质吸收。

⑦ 晶体振荡电路的电容器(云母)。以晶体振荡电路为例,考虑高频谐振电路的电容器。

7.1 电源旁路电容器

旁路电容器是"去耦电容器"的俗称。下面以使用了数字 IC 的时钟驱动为例,考虑 IC 用电源的旁路电容器。

在 IC 的电源部一般都装有旁路电容器,其容量值几乎起决定性作用。

旁路电容器也有不在电路图中写入的情况。根据制作电路的情况,具有按照配线情况决定个数和位置权利(义务)的典型的项目。对此首先要理解旁路电容器存在的理由。

7.1.1 如果没有旁路电容器,将会发生什么

如果省略电源的旁路电容器,将会发生什么情况呢?

回答是"要根据电路内容和实际安装状态进行变化。由于 IC 振荡而产生过热的最差情况,经常发生错误动作,造成无缘无故工作的电路是各种各样的"。

但是,如果什么都不了解就省略,即便是结果相同,也有很大的差异。

7.1.2 电源的消耗电流不固定

图 7.1 的电路只是抽出了大基板电路的一小部分,是把晶体振荡形成的一个时钟信号增加到五个,在基板内配送的单纯缓冲器。

根据表 7.1 给出的 74ACT04 规格,IC 静止消耗电流的确有 CMOS 系列逻辑,为 $40\mu A$,是非常小的值。

这是信号无变化静止时的话题。如果实际上放入时钟信号使其工作,各变频器的输出就重复"H"和"L",在从"L"变化到"H"或者从"H"变化到"L"的瞬间有许多电流流动。

瞬间电流是 IC 内外的寄生电容进行充放电的电流和内部晶体管的连续电流。U_1 的每个变频器有 6 个晶体管(MOSFET)。在制作晶体管时,无用的寄生电容也一起产生。根据表 7.1,每个变频器以 30pF 的寄生电容作为等效功率电容记载。

那么,充一次 30pF 的电容,需要多大的电荷呢?

如果使用著名的充电电荷公式 $Q = C \cdot V$ 进行计算,则因电源电压为 5V,故

$$30 \times 10^{-12} \times 5 = 150 (pC)$$

在这种电路中,6 个变频器同时发生变化,因此,在全部的 IC 中需要 6 倍的 900pC 电荷。

图 7.1 的电路时钟为 16MHz,故寄生电容 1 秒钟要重复 1600 万次充放电。如果有灰尘积累,每秒钟就要无缘无故地消耗 14.4mC(900pC×16MHz)的电荷。也就是说,有 14.4mA 的电流增加。此值比刚才静止时消耗电流 40μA 大很多。

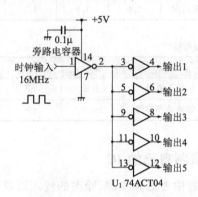

图 7.1 简单的缓冲电路

如前面所述,900pC 电荷的充放电不固定,在"H"/"L"变化的瞬间进行。那么,这种变化的时间有多大呢? 其线索在于表示有关输入变化的输出延迟时间的传播延迟时间。输出变化时间比传播延迟时间短。

根据表 7.1,74ACT04 从"L"到"H"的传播延迟时间是 4ns (标准),故可以求得

$$900\times10^{-12}\div(4\times10^{-9})=225\text{m}(\text{C/s})=225(\text{mA})$$

瞬间电流至少在该值以上。

表 7.1 74ACT04 的电气特性

(a)74ACT04 的 DC 特性

标志	参数	V_{cc}/V	$T_A=-40℃$ $\sim+85℃$	单位	条件
I_{OLD}	最小输出电流	5.5	75	mA	$V_{OLD}=1.65V_{max}$
I_{OLD}		5.5	-75	mA	$V_{OHD}=3.85V_{min}$
I_{cc}	最大电源电流	5.5	40.0	μA	$V_{IN}=V_{cc}$ or GND

续表 7.1

(b)74ACT04 的 DC 电气特性

标志	参数	V_{cc}/V	$T_A = +25℃$ $C_L = 50pF$			单位
			最小	标准	最大	
t_{PLH}	传输迟延时间	5.0	1.5	4.0	7.0	ns
t_{PHL}	传输迟延时间	5.0	1.5	3.5	6.5	ns

(c)74ACT04 的电容

标志	参数	标准	单位	条件
C_{IN}	输入容量	4.5	pF	$V_{cc} = 5.0V$
C_{PD}	等效功率容量	30.0	pF	$V_{cc} = 5.0V$

7.1.3　自己限制自己的 IC

在一般的装置中考虑到发热、噪声的侵入以及维护性,将电源装置稍微远离基板。这样,电源电流就从电源的出口通过电线到达基板,再通过基板到达 IC。

电线和元件也可以说是低电阻部分,大约为 0.1Ω。

基板上除了 U_1 以外,还大约装有 100 个 IC。各种瞬间电流基本上与 U_1 相同,并且整个电路是同步电路,所有的 IC 都有同时工作的特定瞬间。

这样,瞬间电流的合计为 225mA 的 100 倍,也就是达到了近 25A。如果不对瞬间电流采取对策,就会因 0.1Ω 的电阻部分产生 25A×0.1Ω=2.5V 的电压降。平时,5V 的电压会在此瞬间变成 2.5V 以下。普通的 IC 稳定工作的电源电压范围为 5V±0.5V,所以,必然导致错误动作。

也就是说,在电路保持稳定时还是可以的。如果电路想要进行工作,自己就会降低电压,引起错误动作。

在实际的电线和元件恢复中,不能忽视电阻部分和电感成分,电源的不稳定会导致产生错误动作的概率上升。

那么,采用什么样的方法才能防止瞬间电压下降呢?

解决的方法之一,就是短粗的电线或者元件。这是实质性的方法,但由于物理制约,自然都有界限。

另一个是每个 IC 都带有专用电源。当然,如果直接执行这个,就可以形成只是电源的基板。这种设想是极其重要的(图 7.2)。

图 7.2 只是电池的基板

7.1.4 旁路电容器如同电流的零用钱盒子

IC 在输出变化的瞬间有大电流流动,从而使电源电压下降,导致误动作。但是,那只是很短时间,其他时间几乎不消耗电流。IC 只是在需要电流的瞬间放出电荷,其他时间是否可以事先把自身需要充电的充电电池给每个 IC 呢?

由于实际电池不能进行快速充电,所以用电容器替代,这就是旁路电容器。一般是把电荷存起来,在需要的时候马上把电荷移交给 IC,好像是有个零用钱盒子。

这样,如果理解旁路电容器的工作,就自然而然地了解了旁路电容器要求的以下条件(图 7.3)。

(1) 旁路电容器的位置

旁路电容器如果不在每个 IC 的附近,就如同把零用钱盒子放在家里一样没有意义。

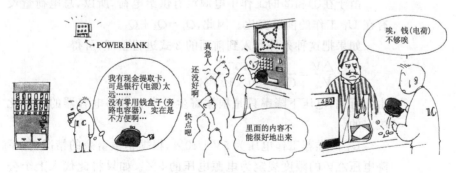

图 7.3 旁路电容器的作用

（2）旁路电容器的频率特性

如果旁路电容器的高频率特性不太好，就如同不好的零用钱盒子一样，不能在 ns 级的短时间内取出里面的内容。

（3）旁路电容器的静电容量

如果不是具有一定程度静电容量的旁路电容器，就会如同太小的零用钱盒子一样，不能在紧急情况下发挥作用。

7.1.5   求静电容量

下面求旁路电容器所必须的静电容量。这种计算从高频阻抗开始的是标准型，必须要熟知 IC 的交流特性，并且计算相当复杂。

本书采用直观上易懂的单一电荷法进行说明。最初是根据旁路电容器的动作顺序考虑的。

① 最初 U_1 的输出稳定在"H"或"L"时，如果把旁路电容器的静电容量设定为 C_P，把电源电压设定为 V_{cc}，则存储在旁路电容器的电荷量 Q_1 为：

$$Q_1 = C_P \times V_{cc}$$

② 下面为了使 U_1 工作，假设 6 个变换器（inverter）一起快速进行 180pF 寄生电容充电。此时远处的电源不能立即送来电荷，旁路电容器暂时负担全部的电荷。这样，在 U_1 的工作结束后，旁路电容器中失去充电所需要的部分电荷，旁路电容器的电压只是使 $\triangle V$ 电压下降，形成 $V_{cc} - \triangle V$。此时残留在旁路电容器中的电荷 Q_2 为：

$$Q_2 = C_P \times (V_{cc} - \triangle V)$$

U_1 得到的电荷量 Q_3 为：

$$Q_3 = 180 \times 10^{-12} \times (V_{cc} - \triangle V)$$

由于在①和②的工作中电源没有供给电荷，所以，总电荷量没有在 U_1 工作的前后变化。因此，$Q_1 = Q_2 + Q_3$。

如果把这种条件代入到前面的 3 式进行整理，可得

$$\frac{\triangle V}{V_{cc}} = \frac{180 \times 10^{-12}}{C_p + 180 \times 10^{-12}}$$

由此可知，电压下降率只是根据寄生电容和旁路电容器的容量比决定的。

U_1 的推荐工作电压为 5V±10%，根据稍微富余的情况，把下降电压 $\triangle V$ 的限度规定为电源电压的 5%。如果将此代入上个公式，可得

$$0.05 \geqslant 180 \times 10^{-12} / (180 \times 10^{-12} + C_p)$$

即 $C_p \geqslant 3420pF$，根据结果，C_p 选择属于 E3 系列的 4700pF。

另一方面，基板上存在具有 $U_1$10 倍程度的等效功率 IC 容量。这些 IC 的旁路电容器需要 10 倍的 $0.034\mu F$ 以上的静电容量。

但是，实际上对每个 IC 封装静电容量不同的旁路电容器很麻烦。所以，旁路电容器的静电容量必须全部符合最大。此时根据 $0.034\mu F$ 以上的条件，$0.047\mu F$ 就是正常的。为了能够使用公差和温度系数大的种类，根据富余情况设定为 $0.1\mu F$。

7.1.6 决定额定电压和静电容量误差

电路只是用＋5V 单一电源工作。但电源有误差，也有噪声进入的可能性。所以，规定额定电压为电源电压倍数的 10V 以上。

下面考虑容量误差。如前面所述，最低限度所需的旁路电容器的容量大约为 $0.034\mu F$。

尽管公称值 $0.1\mu F$ 的电容器有 -50% 的误差，也仍然有富余。相反，无论容量增加部分是多少都是可以的。

这对于一直与元件误差抗争的设计者来说，实际上是一个好的结果。

7.1.7 决定电容的种类

旁路电容器所需要的条件归纳为：

① 静电容量为 $0.1\mu F$。

② 额定电压为 10V 以上。

③ 容量误差 $-50\%/+\infty$。

④ 为了进行 ns 级的响应，高频特性必须好。

⑤ 由于安装多，要尽量小型且低价格。

在第 4 章中出现的电容器中，云母和低介电常数系列陶瓷型在静电容量方面是非现实的。在薄膜系列，叠层喷镀聚脂等较小的有 $0.1\mu F$。高频特性麻烦且价格贵，只用于高级音频电路。当然，除了铝电解的高频特性问题以外，如果钽系列草率地用于电压电流多的旁路电容器就是危险的。

高介电常数系列和半导体系列的陶瓷电容器是高频特性好，小型且价格便宜。并且旁路电容器中不太注意容量误差和变动大的问题。在结构上有圆盘型和叠层型。根据 $0.1\mu F$ 容量，决定使用外形比较小的叠层（俗称"叠层陶瓷"）。由于额定电压最低也在 25V 以上，所以，在这点上是合格的。有问题的公差是标准的 Z 等级特别大，为 $-20\%/+80\%$，静电容量的温度变化和电压依存性也大,必须满足此时的误差条件。

照片7.1是叠层陶瓷电容器的外观。日本产的叠层陶瓷底色主要是蓝色,而国外的产品经常看到的是黄色~茶色系列。

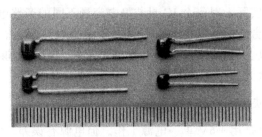

照片7.1 叠层陶瓷电容器

7.1.8 补偿低频特性

旁路电容器的静电容量也决定了产品的种类,不能认为旁路电容器就是万无一失的。在实用方面提前说一下必须考虑低频去耦电容器。

在数字电路的电源装置中使用开关调节器和3端子调节器。即便是消耗电流变化,也要保持一定的输出电压。从稳定性的观点出发,反馈速度不能太快。因此,可以保证电压稳定性的只限于数十kHz以下的频率频带。

另一方面,即便是用高频时钟工作的同步电路,基板上的IC也不全部进行相同的动作。多个IC同时动作的瞬间和不同时动作的瞬间,按各种定时工作,所以,电源消耗电流的频带非常宽。

但是,100个0.1μF的旁路电容器总共也就是10μF。有关0.25V的电压降的总电荷量也只有2.5μC,所以,即便想支援低频的电流变动,一会儿就会耗尽了可以使用的电荷量。这就好像是带着银行的现金提取卡和零用钱盒子去旅游,当然希望是存放现金提取卡的夹子。

这里假设0.1μF的旁路电容器担当200kHz以上的频带,电源装置担当5kHz以下的频带,包括剩余的5kHz~200kHz的频带,并用大的辅助电容器。

基板整体电流在1A以下,即便在100μs以下的期间有消耗电流变动,也把电源电压变动控制在0.25V以下作为条件,计算所必须的辅助电容器的容量C_c。

首先,电流变动补偿所需的电荷容量为

$$1 \times 100 \times 10^{-6} = 100(\mu C)$$

这样,为了把电压变动控制在 0.25V 以下,构成

$$100 \times 10^{-6}/C_c \leqslant 0.25V$$

根据计算,C_c 为 400μF 以上。所以,要从 E3 系列中选择 470μF,耐压也与前面一样,设定为 10V 以上。

辅助电容器包括了 5kHz~200kHz 频带和稍微高的频带,以及预想了充电电流大的情况,因此,决定使用对应于高脉动型的铝电解电容器(图片 7.2)。辅助电容器担负的频率低,元件电感不会有太大影响,不需要在插入位置上浪费太多的精力。

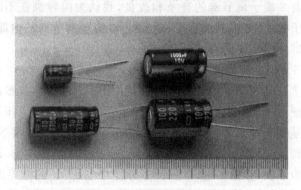

照片 7.2　高频低阻抗型电解电容器

7.1.9　电源旁路电容器的归纳

旁路电容器是"去耦装置电容器"的俗称。只要是没有合适的旁路电容器,就会出现 IC 振荡或产生错误动作。

通过简单的电荷法模拟得知:旁路电容器装在 IC 的旁边,①高频特性好,②具有所需要的容量,③适合小型,低价格。所以决定对每个 IC 都按照最短的距离装 0.1μF/25V 叠层陶瓷电容器。电容器的公差不好,为 $-20\%/+80\%$,而且温度特性和容量电压的依存性也大,如果设定大于实际的容量,只要没有问题就可以使用。

还有,为了进行低频补偿,在基板上增加一个 470μF/10V 的高脉动对应型电解电容器。这样,用多个电容器覆盖相互不善长部分的"并用电容器"有时竟成为重要的技术。

7.2 3端子调节器的电容器

3端子调节器是系列电源IC的一种。外带元件少,重量轻,无论是数字还是模拟,都被用于不同的领域。这里介绍稍做改变的3端子调节器的使用方法,并考虑3端子调节器的特性和补充特性的电容器。

7.2.1 3端子调节器的工作

随着3端子调节器的普及和改良,我认为内容都在不断地进行黑匣子化。所以,要重新简单地温习3端子调节器的内部动作,然后考虑为什么需要外部电容器。

▶ 3端子调节器的原理

图7.4是3端子调节器的基本结构图。3端子调节器的输入电压即便不高于输出电压也不正常工作。需要多大的电压取决于IC。在基本型中大约需要3V的电压差。输入电压V_i因NPN的主晶体管Q_1的电阻部分产生电压降,成为输出电压V_o。误差放大回路为了使IC内的基准电压V_z和输出电压V_o的差接近0,要通过Q_2调节Q_1的电阻部分。可以说3端子调节器是带有自动调节功能的电子电位器。

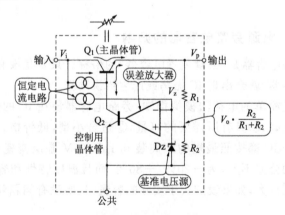

图7.4 3端子调节器的等效电路

▶ 3端子调节器的响应

3端子调节器是由反馈电路构成的,它在控制方面存在稳定性的问题。

任何半导体,其反应都有滞后的问题,尤其是大功率用的Q_1

表现得明显。

现在假设输出方流动突发性瞬时电流。由于 V_o 下降,所以误差放大器要为降低 Q_1 的电阻成分进行控制。在 Q_1 进行了反应时,已经控制了突发电流,V_o 返回到正常值。但是由于 Q_1 滞后,电阻部分降低,所以要提高恢复到正常值的 V_o。这样,误差放大器此次就要提高 Q_1 的电阻部分。

正因如此,如果反馈电路的相位校正和放大度不适当,则重复上述过程,产生电压不稳的电源,也有在严重时产生振荡的情况。

3 端子调节器是为了通过各种电源和负载的组合使其稳定工作,特意降低误差放大器的响应速度,不要求放大度的设计。因此,3 端子调节器基本上不对应快速输出电流的变动,如果负载电流增加,输出电压就逐步下降。

▶ 3 端子调节器防止振荡电容器

作为 3 端子调节器的例子列举 1M78L05ACZ。该 IC 的输入为 8～30V,能得到 5V±0.2V 的稳定的输出,如果允许消耗功率限制,则可以取出最大 100mA 电流。根据参考资料手册,在电源输入的高频阻抗高时,输入端子与 GND 之间需要 $0.33\mu F$ 以上的电容器;输出端子与 GND 之间需要 $0.01\mu F$ 电容器。但是,这是避免振荡所需的最小值。

7.2.2 温度控制器的结构和电路的工作

图 7.5 表示 100mA 等级 3 端子调节器 78L09 的 PWM 温度控制器电路的一部分。如果使 100mA 电流从使用了 JFET 的恒定电流电路流向白金测温体,就会在测温体两端产生与电阻值成正比的电压。通过温度传感放大器进行放大,控制加热器。

如果电流连续流到测温体,由于自己发热而不能计量正确温度,恒定电流电路每隔大约 2 秒就要工作 10ms。

U_1 用于从 +15V 电源得到恒定电流电路用的 +9V。由于恒定电流电路内部 OP 放大器的输出电压限制,需要中间电压。如果恒定电流电路的中间电压不急速变化,则不会直接影响恒定电流值的精度。中间电压的消耗电流在恒定电流电路工作中大约是 10mA,在停止时为 0.1mA 以下。

U_1 的输入电压在负载电流为 10mA 时,比输出电压高 1.7V,必须是 10.7V 以上。电源电压为 +15V,有相当大的富余。还有,U_1 自身消耗功率为 31.5mW。对其加上 10mA 的负载电流产生的发热部分

$$(15-9)\times10\times10^{-3}=60(\text{mW})$$

的 91.5mW 就是最大发热量。即便是在普通 TO-92 型的实心组件,这也是足够的值。

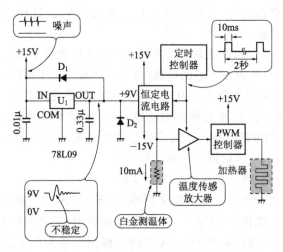

图 7.5 温度控制器的电源电路部分

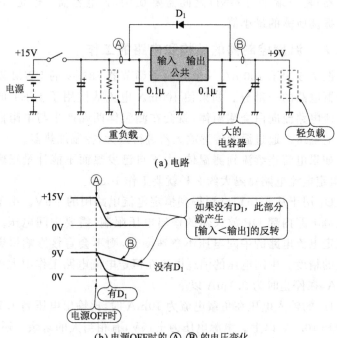

(a) 电路

(b) 电源 OFF 时的 Ⓐ Ⓑ 的电压变化

图 7.6 3 端子调节器的保护二极管

那么,在图 7.5 电路中连接两个二极管(D_1,D_2),当切断电源时这两个二极管保护 U_1(图 7.6)。

由于在电路的+15V 电源中连接加热器等许多负载,消耗电流多,故只要切断电源,电压就急速下降。由于+9V 方的消耗电流小,而且有恒定电流电路内部的电容器,即便是切断电源,电压也要残留一会儿,U_1 的输入输出电压的关系反转。D_1 在此时动作,保护 U_1。

另外,在切断了电源时,电压要在-15V 电源中残留一会儿,有倒流入恒定电流电路 OP 放大器的情况。此时使用 D_2 进行旁路(分流)。

7.2.3　3端子调节器不很好地动作

可是,在图 7.5 的电路实际工作时,噪声经常混入温度传感放大器的输入,工作变得不稳定。如果查找其原因,就查到了 3 端子调节器。原因是①在恒定电流电路为 ON(接通)的瞬间,3 端子调节器的输出波动,非常不稳定;②加热器的 PWM 控制的开关噪声进入到+15V 电源中,通过 3 端子调节器转入到中间电压输出,恒定电流电路失控。

7.2.4　3端子调节器的输出电容器

如果查找波动原因,就可以知道以下情况:首先是恒定电流电路每隔 2 秒工作 10ms,消耗 10mA 的电流,剩余的时间几乎不消耗电流。

U_1 的输出电压在恒定电流电路停止时正好是 9V,在恒定电流电路突然使用 10mA 的电流时不能马上对应,而是瞬间产生了电压降。所以,U_1 急于上升电压,由于匆忙上升过度,导致下降过度,到稳定为止就需要时间。

在 U_1 的场合,没有超过约 10kHz 的变化。这种情况可从图 7.7 的输出阻抗上升看出。但是,不能从外部调整 IC 化的 3 端子调节器。

如图 7.8 所示,与防止振荡用的 $0.1\mu F$ 的电容器并联附加辅助电容器 C_4,从而弥补 U_1 的响应速度迟延。根据比 U_1 响应速度稍微大的情况,在恒定电流电路启动后 1ms 的时间内,C_4 替代 U_1 供给 10mA 的电流。这样,C_4 在此期间放出的电荷量为

$$10\times10^{-3}\times1\times10^{-3}=10\ (\mu C)$$
此时要想把 C_4 的电压降控制在 0.1V,就需要安装

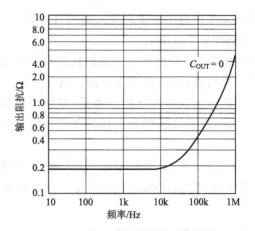

图 7.7 78L09 的频率-阻抗特性例

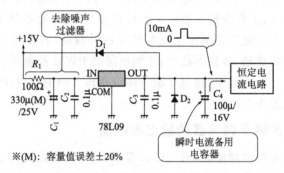

※(M): 容量值误差±20%

图 7.8 由电容器弥补 7809 响应速度

$$10\times10^{-6}/0.1=100(\mu F)$$

的电容器。C_3 是陶瓷电容器,所以 C_4 不太注意频率特性,故决定使用普通铝电解电容器。额定电压稍微有一点儿富余,规定为16V。

7.2.5 3 端子调节器的输入滤波器

下面讨论开关噪声的问题。如果使用示波器观察波形,就可以知道噪声等效频率在 1MHz 以上。

3 端子调节器的频率特性不太好,这种高频噪声如图 7.9 所示,在 3 端子调节器的输入输出期间顺利通过。这种情况也表现在图 7.10 的电源消去比 PSRR 的图表。如果那样,在对 U_1 供给电源之前,就要首先去除噪声,因此在 +15V 电源和 U_1 的输入端子之间放入滤波器。

为了消除噪声,可以放入大的电容器。如同电路例一样,在低电阻的功率控制中发生的噪声阻抗一般也比较低。要想把噪声控制在 1/100,就必须把电容器的阻抗控制在噪声源的 1/100,这就需要高频特性好的大容量电容器。

图 7.9 3 端子调节器的滤波

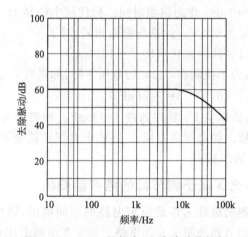

图 7.10 78L09 的频率-去除脉动特性例

如图 7.8 所示,在电源和 U_1 的输入端子之间放入电阻 R_1,提高了从 U_1 看到的噪声阻抗(图 7.11)。这样一来,电源的阻抗就会上升,有 U_1 进行振荡的可能性,所以要通过 C_1 和 C_2 进行补偿。

如果恒定电流电路为 ON(接通),那么,包括自消耗电流在内,要在 U_1 的输入端子流动 12.1mA 的电流。如果把 R_1 的值设定为 100Ω,则产生

$$100 \times 12.1 \times 10^{-3} = 1.21 \text{ (V)}$$

的电压降,U_1 的输入电压变为 13.79V,工作界限的 10.7V 仍有富余。

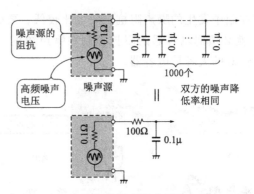

图 7.11　如果提高噪声源的阻抗

　　下面考虑电容器的容量。首先由 C_2 担当高频,与 C_3 一样,用 $0.1\mu F$ 的陶瓷电容器决定。C_1 担当电流供给,此次把恒定电流电路工作时间的 10ms 作为供给时间。替代这个的是 U_1 的性能,把电压变动设定为 0.5V。计算与前面相同,对于

$$12.1\times 10^{-3}\times 10\times 10^{-3}=121(\mu C)$$

的电荷移动,为了控制在 0.5V 的电压下降,如果有

$$121\times 10^{-6}/0.5=242(\mu F)$$

以上就可以,所以从 E6 系列选择了 $330\mu F$。种类是与 C_3 相同的铝电解电容器。如果额定电压在 16V 中有变动就会不稳定,所以选择了 25V 的产品。

7.2.6　补充 3 端子调节器的电容器归纳

　　为了得到间歇性工作的恒定电路的中间电压,制作了采用较轻的 3 端子调节器的图 7.5 的电路。由于在中间电压有波动和混进了噪声,工作经常变得异常。其原因是因 3 端子调节器的响应速度引起的,为了弥补这个,采用了图 7.8 的电路构成。

　　要想在电源 OFF(断开)时迅速降下中间电压,把 D_1 的阴极接在 +15V 电源侧。

7.3　电源平滑用电容器

　　图 7.12 是经常看到的电容器输入型电源的平滑电路。在电路的负载中,通过 +15V 的 3 端子调节器流动最大 0.5A 的电流。电路的平滑电容器 C_1 的容量是如何决定的呢?

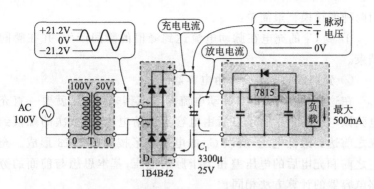

图 7.12 电容器输入型电源的平滑电路

在笔者的学生时代就流行过"如果大电容器暂时不够,就采用加倍方式"的方法,现在根据个人水平(level),可以使用 SPICE 等电路模拟装置,进行文献[56]的那种优秀的设计反馈。

无论是什么样的模拟都是相同的,如果不知道"应该在什么地方发生"以及大概值,只是依赖于模拟,就会痴迷在"趣味领域"。

这里使用前面讲过的电容器计算方法,进行了目的性介绍。

7.3.1　电路的工作

现在简单地介绍有关图 7.12 的电路工作。自从幕府末期以来,商用电源的频率关东分割为 50Hz,关西分割为 60Hz。这里根据关东的 50Hz 进行计算,用"{}"把 60Hz 的值圈起来一起记载。

变压器 T_1 是把 100V 的交流变为 15V 的交流。正如大家知道的一样,AC15V 的峰值电压为有效值 $\sqrt{2}$ 倍的 21.2V。二极管桥 D_1 根据 AC15V 的极性每个元件变为 ON,输出脉动,此时产生 2 个部分的电压降,脉动峰值大约为 20V。

C_1 在没有负载时正好为峰值保持电容器,电源接通后不久便充电到峰值的 20V。

如果接负载,就会在脉动电流的峰值附近进行电容器的充电,同时也对负载供给电流。由于其他时间的电容器电压比脉动电流的电压高,所以 D_1 为断开(cut-off),负载电流全部要通过电容器的放电电流维持。

此时,随着电容器的放电,出现电压下降,形成脉动电压。

7.3.2　求容量的简单近似式

那么,C_1 的容量大概需要多少呢?在计算中有各种各样的公式,以及使用模拟装置的方法。为了人工计算得到大概值,使用下面两种假设模型最简单：

① 到 C_1 的充电在脉动电流达到峰值的瞬间产生，并在瞬间结束。

② 到负载的电流全部由电容器供给。

在这种模型中，每当脉动电流的峰值到来时，C_1 就要一直充电到该电压为止。由于以后由电容器供给电流，在下次的峰值到来之前达到最低电压，所以 C_1 的电压波形按照图 7.13 形成。充电之前和充电后的电压差相当于脉动电压，基本思想与前面的旁路电容器的计算方法相同。

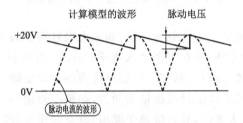

图 7.13　简单的近似模型 C_1 的波形

由于电源频率为 $50\,\mathrm{Hz}\{60\,\mathrm{Hz}\}$，所以，脉动电流的峰值以其 2 倍每秒 100 次 $\{120$ 次$\}$ 的速度到来，电容器进行充电的时间间隔为 $10\,\mathrm{ms}\{8.33\,\mathrm{ms}\}$。$C_1$ 在 $10\,\mathrm{ms}\{8.33\,\mathrm{ms}\}$ 期间作为电源的代理必须给予负载的电荷量，由于供给电流是 $0.5\,\mathrm{V}$，所以构成

$$0.5\times10\times10^{-3}=5(\mathrm{mC}) \quad \{0.5\times8.33\times10^{-3}\approx4.17[\mathrm{mC}]\}$$

下面，普通型 $15\mathrm{V}$ 的 3 端子调节器的输入所需的最低电压大约为 $18\mathrm{V}$。如果有低于这个的瞬间，就在调节器的输出中进入图 7.14 的楔形。因此，C_1 的脉动电压为了形成

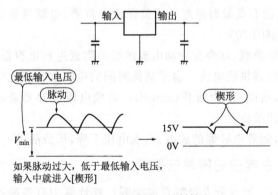

图 7.14　如果低于最低输入

$$20-18=2(V)$$

必须选择 C_1 的值。这样,根据 $C=Q/\triangle V$ 的公式,得到

$$5\times10^{-3}/2=2.5(mF)\quad\{4.17\times10^{-3}/2\approx2.08[mF]\}$$

也就是需要 $2500\mu F\{2080\mu F\}$ 以上的容量。

7.3.3　决定电容器

在 $50Hz$ 地区时,E6 系列最接近的值为 $3300\mu F$。由于在 $60Hz$ 地区是频率高的部分,容量值小也可以,所以 $2200\mu F$ 为最接近的值,如果在统一为 $3300\mu F$ 后,也能够在关东使用就更好。

如果随便使用大容量的电容器,充电电流就大,并且由于短时间内集中,成为噪声的根源,或者是缩短 C_1 和 D_1 的寿命。

使用了 $3300\mu F$ 时的脉动是把前面的公式倒过来算,即

$$5\times10^{-3}/(3.3\times10^{-3})\approx1.51\ (V)$$
$$\{4.17\times10^{-3}/(3.3\times10^{-3})\approx1.26(V)\}$$

下面决定耐压。日本产的质量非常高,如果放进在变压器的增绕中,就要允许 $+10\%$。这样,AC15V 为 16.5V,脉动电流的峰值大约为 22V。如果可以使用 25V 以上的额定电压,则使用 35V 的电容器。

此例并不是流动前面那样大的充放电电流,可以使用普通的铝电解电容器。根据静电容量的富余量和脉动条件,误差可以采用标准的 $\pm20\%$(M 等级)。如果成为静电容量以及额定电压(CV 积),电容器的自身就大并且重。

所以,要把端子做成爪状,经常使用增加了机械强度的产品,在预想了振动的情况下,要通过固定条和粘接剂等方法进行增强。此时最好是避开含有卤素等的化合物。由于铝电解电容器没有完全密封,如果已经分解的气体进入电解液,性能就下降。

7.3.4　电源平滑用电容器的归纳

图 7.12 是经常看到的电容器输入型电源。负载在 $+15V$ 用 3 端子调节器的最大电流为 0.5A。这种电路看起来简单,但是,决定常数并不简单,当然电路模拟器也是很有效的手段。在它之前需要附上平均常数。

所以要制作简单的模型,进行充放电计算,对 C_1 使用 $3300\mu F/25V$ 的铝电解电容器。计算上的脉动大约为 1.51V $\{1.26V\}$。相反,如果对图 7.15 所示的电路模型的初始值使用这种参数,由于通过 SPICE 等进行模拟,会缩短设定时间。

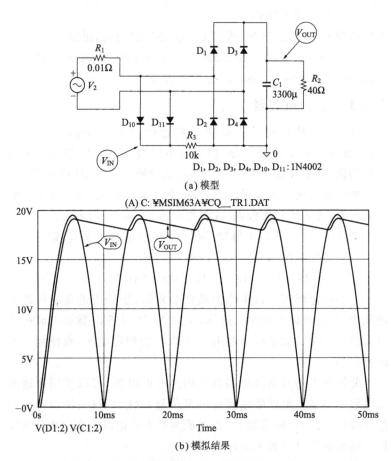

(a) 模型

(b) 模拟结果

图 7.15 采用 SPICE 的模拟

7.4   长时间定时器的电容器

　　大家可能有过忘记关掉电池式设备电源开关,浪费了电池的经验。高级产品带有自动节电功能,像学生时代的笔者那样,要想买价格便宜的无线电收音机,就要开始注意节约电池费用。

　　图 7.16 是认为那时不方便,当时考虑的小型无线电收音机用的节电电路。主体只是在 CMOS 版的通用定时器(ICL7555)装了 FET 开关。定时器时间调到当时常听的节目,定为 60 分＋a 分/－0 分。

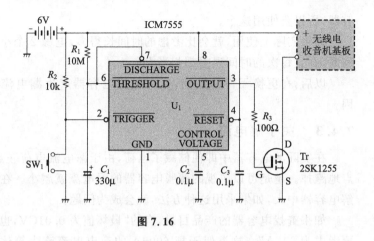

图 7.16

7.4.1 定时器电路的工作

此电路通过 U_1 的单触发方式工作。如果按下 SW_1,就触发到 U_1 的 2 号引脚,3 号引脚成为"H",MOSFET 的 Tr 成为 ON。同时 U_1 的 7 号引脚成为高阻抗,在电容器 C_1 中,电流从电阻 R_1 流入,电压 V_x 渐渐上升,如果上升曲线把时间设为 t,电源电压设为 V_{cc},则 V_x 为:

$$V_x = V_{cc}(1 - e^{-t/R_1C_1})$$

随着时间的经过,V_x 不断上升,如果 6 号引脚电压最终达到电源电压的 2/3,U_1 内部的双稳态多谐振荡器就反转,在 7 号引脚接到 GND,V_x 变为 0V,同时也转到"L",Tr_1 成为 OFF 状态。

如果在电源成为 OFF 之前,把 $2/3 \times V_{cc}$ 代入到上个公式的 V_x 解,就比较麻烦,可知

$$t = \ln 3 \times R_1 \times C_1 \approx 1.1 \times R_1 \times C_1$$

与电源电压无关,只由 R_1 和 C_1 决定。

7.4.2 常数的决定和结果

定时器时间是 60 多分钟,$R_1 \times C_1$ 需要 3270 秒以上的时间常数。

由于大容量电容器增多,所以,决定尽量扩大 R_1 的值。如果作为一般容易购买的最大值电阻,规定 $R_1 = 10$ MΩ,C_1 的值就成为

$$3270/10 \times 10^6 = 327(\mu F)$$

由于有时在旧品(junk)箱中设定为 330μF/10V,有小的铝电解电

容器,所以要使用这个。

如果实际上使用,就会比考虑的时间长得多,电源2个小时不间断,并且每次的时间误差都相当大。

以后,在更换元件的期间,这也成为电容器产生漏电流的原因。

7.4.3 关于漏电流

在实际的电容器中即便储藏了电荷,由于漏电流电荷一点、一点地跑掉。越是可以忽视的薄膜电容器的漏电流就越小。在铝电解电容器中大,如果采用这种方法,就会成为问题。

如果查找电容器的产品目录,有的"最坏值为0.01CV,也就是要考虑为33μA"。这类似于把600nA的充电电流流入箱体。当然实际的产品性能更好,是经过滤波后进行工作。普通型铝电解电容器不适用于这种用途。

此次使用性能良好的钽电容器,而330μF的容量不容易买到。所以33μF的浸渍钽使用100MΩ,也就尝试了把串联10个10MΩ的电阻组合起来使用,症状反而严重。也就是说,浸渍钽漏电流和铝电解电容器一样,把充电电流设定为1/10,产生了大的影响。

7.4.4 电路的改良

图7.16的电路缺欠是没有计算实际漏电流,而是直接设定了60分钟时间常数。

下面考虑图7.17的那种结构。这是用计数器U_2计算频率较低振荡器U_1的输出,在达到这个数时切断电源。

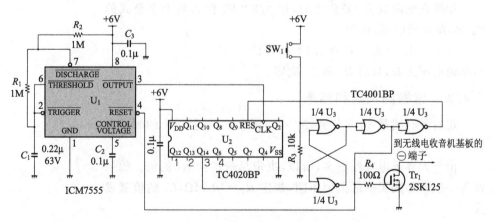

图7.17 计数器的节电电路

当然,如果使用晶体振荡器,时间就是正确的,如果中途发生 1MHz 前后的摆动,AM 无线电收音机中就有干扰进入的危险。

首先在 U_2 作为低消耗功率控制为 1 个 IC 段数多的计数器,选定了 TC4020B。这个是异步 14 段二进制计数器。为了能在计数器的 Q_{14} 成为 H 电平的瞬间切断电源,简化了电路。因此,2^{13} 个时钟相当于 60 分+a,所以 RC 振荡器的周期为 3600 秒/8192≈0.44 秒就足够了。

U_1 的 RC 振荡器把前面的 ICL7555 作为振荡方式使用。这种方式由于 V_x 要在 V_{cc} 的 1/3 和 2/3 的电压之间往返,所以,时间常数所需的系数为 ln2≈0.69。图 7.17 的电路振荡周期 τ 为:

$$\tau = 0.69 \times C_1 \times (2R_1 + R_2)$$

如果代入 $\tau = 0.44$ 秒,$C_1 \times (2R_1 + R_2)$ 就大约为 0.638 秒。得到时间常数的电阻和电容器的组合就是无数个,由于电容器有选择幅度比电阻狭窄的倾向,所以与前面相反,先决定电容器值就是有效的。

前面的漏电流是很严重的问题,本次考虑 C_1 不使用薄膜电容器。如果根据例子寻找旧品箱,就可以找到叠层金属喷镀薄膜型的 $0.22\mu F$。这种电容器的公差为±5%,额定电压为 63V。

这样,$(2R_1 + R_2)$ 就为 2.9 MΩ,R_1 和 R_2 良好,使用 1MΩ 的电阻。如果根据常数倒算定时器时间,就变成

$$\tau = 0.69 \times 0.22 \times 10^{-6} \times 3 \times 10^6 \approx 0.455(s)$$

为 8192 倍的 3730 秒,也就是说,约 1 小时 2 分钟是定时器时间。如果电源有因某种原因断了 1 小时的情况,就可以把 R_1 或 R_2 变换为稍微大一点的平均 1.2 MΩ。

由于这种方法可以缩小时间常数,所以要使用现实容量的薄膜电容器,避免因漏电流产生的不稳定动作。在电路定时器时间的调整和确认中,如果能够确认振荡器的频率,就没有等待 60 分钟以上的情况。

7.4.5 长时间定时器的归纳

最初想要一气制作具有 60 分钟时间常数的单触发电路,由于铝电解电容器的漏电流误差大,不能很好地工作,还进行了钽电容器试验。由于容量范围的关系,提高了电阻值,却降低了性能。

为了改变电路的设想,决定用计数器计算控制 RC 振荡器频率的方法,使时间常数降到接近 4 位数,能够使用漏电流小的叠层薄膜电容器。此方式可以缩短定时器时间的调整/确认用的时间。

这里介绍了用特别元件制作的电路,现在这些单触动(one-touch)IC 正在以长时间定时器的名称在市场上销售。

7.5 耦合用电容器

现在覆盖视频频带的高速 OP 放大器以及功能 IC 都可以买到,能够看到离散型视频电路的情况变少。相反,电路黑匣子化,不在参考资料手册中推荐电路以外制作的技术人员增多。

这里根据简单缓冲放大器的电路,考虑耦合用电容器和极性。

7.5.1 电路的工作

视频(NTSC)信号是具有数 Hz~数 MHz 的非常宽的频带的信号。输入输出电路包括电缆在内,阻抗匹配(使用 75Ω)都是不可缺的。

进行阻抗匹配是指信号振幅在连接点变为 1/2,只是单纯地交接信号就需要 2 倍宽带放大器。

图 7.18 的电路经常使用视频信号选择器等,是 2 倍视频缓冲放大器。已经输入的视频信号通过 75Ω 的电阻 R_1 进行匹配终端,成为 1Vp-p 的信号。信号通过 DC 断开用耦合电容器 C_1 引导到放大电路的旁路电阻 R_2。

放大电路作为电压反馈型高速 OP 放大器,使用了 LM6361 的 +2 倍放大器。图 7.19 表示 IC 等效电路和引脚配置。这种放大器可作为反相放大器发挥宽带性。为了简化电路,采用了图 7.18 的结构。

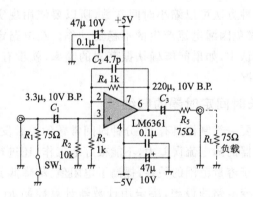

图 7.18 视频放大器电路

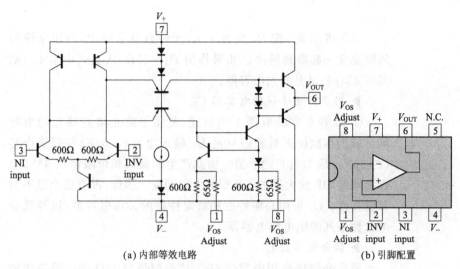

图 7.19 LM6361 的内部等效电路和引脚配置

决定增益的是 R_3 和 R_4，为了确保稳定性而取较低电阻值。还与 R_4 并联小的电容器 C_2，抑制反相输入端子的输入电容和配线寄生电容产生的增益峰化。放大器的输出通过 75Ω 匹配用电阻 R_5 和 DC 断开用电容器 C_3 对 75Ω 的负荷输出信号。

这样，通过"输入终端"→"2 倍放大"→"输出终端"的构成，作为整体的增益为等倍数（×1）。

7.5.2 电容器的静电容量计算

▶ 耦合电容器 C_1

如果考虑 OP 放大器的输入阻抗足够大，输入部最低通过频率 f_0 只是用 C_1 和 R_2 决定，就存在

$$f_0 = \frac{1}{2\pi f \cdot R_2 \cdot C_1}$$

的关系。

NTSC 视频信号的垂直同步信号的频率基本上是 60Hz。如果把通过频带刚好设定为 60Hz，根据图像信号状态，垂直同步信号带有图 7.20 那种"下垂"的倾斜，不能很好地进行同步分离。因此，f_0 必须具有 1/10 以下的点。

可是，LM6361 是可以从增益 1 倍开始使用良好的高速 OP 放大器，补偿电压在 22mV，偏压电流为 6μA 以下，DC 特性不太好。为了不破坏动态范围，偏压电阻 R_2 不能太大。现在，如果把 R_2 设为 10 kΩ，f_0 设为 5Hz 以下，C_1 就可以根据上个公式为 3.18μF 以

上。

如果废除 R_1，把 R_2 设为 75Ω，元件数就会减少，偏压电流的问题也会一起得到解决。如果作为 $R_2=75Ω$，从上式中求 C_1，则需要 424μF 以上的大电容器。

▶ 用于防止峰值的电容器 C_2

C_2 如第 6 章的事例 7 中所述，是用于防止增益峰化的电容器。成为本次校正对象的只是 U_1 输入电容（1.5pF）和配线电容（约 3pF），是 4.7pF 的小值。由此产生的高频频带限制在 33MHz 强和刚过 OP 放大器的 GB 积的上限程度。因此，没有这个也不会荒废特性。C_2 采用高频特性和稳定性好的云母电容器，以及低介电常数系列的铝电解电容器。

▶ 耦合电容器 C_3

最后介绍耦合用电容器 C_3。结果都是与 75Ω 的电阻串接的电容器，所以用 C_1 那种小的值就可以完成。f_0 取决于 R_5 和 R_3 的两个 75Ω 的电阻和 C_3。根据

$$C_3 \leqslant \frac{1}{2\pi f_0 (R_5 + R_L)} = \frac{1}{2\pi \times 5 \times 10^6 \times 150}$$

需要 212μF 以上。

7.5.3 电容器的极性

正规的视频信号在正常终端时是 1Vp-p 的交流信号，实际上有 1Vp-p 以上的电平（超透明：over-bright）。有根据情况断开图 7.8 的 SW_1，与其他放大器装置并行运转的可能性，也有终端脱落的可能性。因此，放大器的输入范围大约需要 ±2V 以上。

C_1 的一端用 R_2 连接在 GND，C_1 的两端需要正负双方的电压。普通的有极性铝电解电容器如果是短期间，就要承受非常小的反向电压，如果是长时间就会破坏电介质膜。钽电容器是最精细的，不可使用。

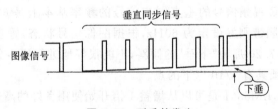

图 7.20 下垂的发生

结局是 C_1 需要没有极性的电容器，薄膜系列的电容器外形过

大且不现实。

所以要使用 $3.3\mu F$ 双极性(无极性)铝电解电容器,或者像图 7.21 那样,把 $6.8\mu F$ 以上的有极性铝电解电容器进行反方向串接,作为 $3.4\mu F$ 的双极性电容器使用。

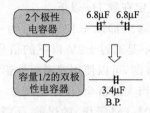

图 7.21 用 2 个有极性电容器形成双极性电容器

大家可能都清楚了吧,如果 C_3 仍要求无极性,就与 C_1 一样使用 $220\mu F$ 的双极性铝电解电容器,或者把 $470\mu F$ 的有极性铝电解电容器进行反方向串接。但是,这里的静电容量大的部分体积大。那么有无解决这个的好方法呢?

7.5.4 电路的更改

图 7.18 的缺点是放大电路以 GND 为中心进行振动,要求输入输出电容器无极性。图 7.22 的电路是"如果一开始就对电容器给予直流偏压将会怎样?"的构思改写的电路。

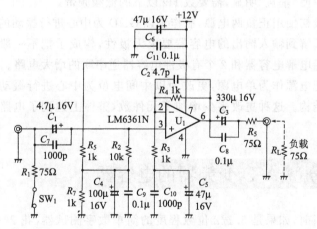

图 7.22 修改了图 7.18 的电路

首先最大的不同是:把 OP 放大器 U_1 的电源从 $\pm 5V$ 改为 $+12V$ 的单电源,把 OP 放大器的工作中心拿到了该部分一半的 $+6V$ 附近。R_2 连接在用 R_6 和 R_7 分割成一半的中间电位,U_1 的非反相输入端子保持在＋6V 附近。C_4 是为了来自电源的噪声不通过 R_6 进入到输入的去耦电容器。

还有,在决定增益的电阻 R_3 中串行插入 C_5。这个经由 $R_4 \rightarrow R_3$ 流过了无用的直流电流,输出端子是防止粘在＋12V 的直流切断的电容器。f_0 也设定在数 Hz 以下。

这样,U_1 的输入输出都以＋16V 附近为中心振动进行了更改。C_1 和 C_3 的极性不是通过 $\pm 2V$ 以下的信号进行反转,而是确定为图 7.22 表示的方向,可以使用普通极性铝电解电容器。

这在外形上有相当大的富余,使用比刚才 f_0 多少大一些的常数,即便有标准的 $\pm 20\%$（M 等级）的误差,下垂也不明显。这种情况与新追加的 C_4,C_5 相同。如果额定电压使用 16V 的就有富余。

还有,非固体型的铝电解电容器的频率特性不好。尤其是 C_3 在低的阻抗使用,有作为图像观测的情况。

图 7.22 的电路在 C_1 和 C_5 中插入 1000pF 的低介电常数系列的陶瓷电容器;在 C_3 和 C_4 中并列插入 $0.1\mu F$ 的高介电常数系列陶瓷电容器。

7.5.5　耦合用电容器的归纳

阻抗匹配在处理宽带视频信号时是不可少的,此时产生 1/2 的匹配损失。为了弥补这个,需要＋2 倍的放大器。为了不在放大器中使"垂直"明显,需要数 Hz 以下的低频频带。

最初使用正负两电源,制作了以 GND 为中心进行振动的放大器。了解到输入输出的电容器要求无极性,构成了把不一般的双极性铝电解电容器和 2 个有极性电容器逆串联的增大电路。

把电源作为单电源,更改为以中间电位为中心进行振动的放大器结构。这种更改多少增加了元件数,整体上达到了电路细小化。

7.6　双重积分型 A-D 变频器的电容器

当前,如果是 3.1/2 位数程度的简单数字测试器,花 2～3 千日元就能够买到。在这种测试器中内置把模拟信号变换为数字信号的 A-D 变频器。这种类型的变频器是叫做"双重积分型"的形式,在原理上与经常用于个人计算机扩充插件的逐次比较型、以及用于视频处理等快速（flash）型不同。

本章根据双重积分型的面板用仪表电路,考虑积分型电容器的主要条件。

7.6.1 双重积分型 A-D 变频器的工作原理

看到双重积分型的名称容易想到高等数学。而此时的"积分"可以理解为"*存储电荷*","*双重*"不是双层积分,而是分 2 个阶段进行充电和放电。

请先看图 7.23。此电路的原理简单,是计量正电压的双重积分电路。

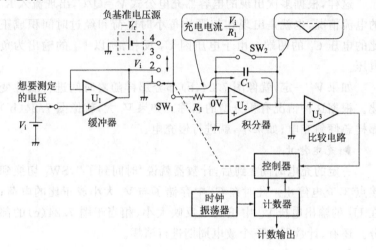

图 7.23 计量正电压的双重积分电路

▶ *初始状态*

由于 SW_1 最初连到下面的接点 1(GND),SW_2 也成为 ON,所以 C_1 的电荷空,U_2 的输出 V_o 为 0V,相当于图 7.24 的流程图(a)的部分。

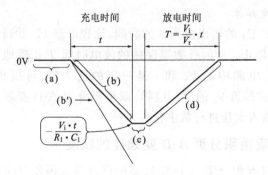

图 7.24 双重积分电路的工作

▶ 输入电压的积分

在开始计量时,SW_1 切换到接点 2,在 R_1 连到缓冲放大器 U_1 输出的同时,SW_1 置 OFF。计量连接时间的计数器电路开始工作。

此时,缓冲放大器 U_1 的输出与输入电压 V_i 相等,U_2 的反相输入端子只要是虚拟短路成立就是 0V,所以在 R_1 流动与 V_i 大小成正比的电流(V_i/R_1)。电流不是流入到 U_2 的反相输入端子,而是边 100% 进行电容器 C_1 充电,边到达 U_2 的输出端子。

这样,根据多次出现的电容器充电公式 $V=Q/C$,出现流入 R_1 的电流情况,也就是出现在与平均每小时电荷和经过时间积成正比的电压 C_1 的两端。由于电压因 U_2 反相,所以 U_2 的输出为负电压。

如果 V_i 一定,就像图 7.24(b)部分那样随着时间进行线性变化。根据这种情况有积分型的名称。如果 V_i 大,就像图 7.24(b′)那样急倾斜充电;如果小,就进行慢充电。

▶ 充电停止

一定的充电时间 t 到后,计数器就说"时间到了",SW_1 切换到接点 3,充电停止。此时在 C_1 中存储了与 V_i 大小成正比的电荷;在 U_2 的输出电压 V_o 中正确地反映大小,相当于图 7.24(c)的部分。还有,计数器为下个放电周期进行清零。

▶ C_1 的放电

下面是计量存储在 C_1 的电荷量周期。SW_1 切换到接点 4,计数器在连接到正确的负基准电压 $-V_r$ 的同时,重新开始工作。

此次连接基准电压,在 R_1 流动的电流与以前的方向相反,C_1 的电荷正确地按照一定的速率进行放电,U_2 的输出在线性上接近 0。相当于图 7.24 的(d)的部分。

▶ 放电结束

最后在 U_2 的输出成为 0 的瞬间,比较电路 U_3 并通知给控制器,计数器停止。此时计数器保持的放电时间 T 正确地与输入电压成正比。电路中的 V_r 和 t 是一定的已知值,可以根据 $V_i = V_r \cdot T/t$ 公式知道 V_i 的值。这样,双重积分型 A-D 变频器就根据时间变换输入电压进行数字化。

7.6.2　双重积分型 A-D 变频器的精度

如果双重积分型 A-D 变频器把更改速度因积分时间造成更改速度慢作为其他,巧妙地躲过误差发生就是灵敏的方法。

▶ 时钟精度

例如,时钟频率比设计值低。这样,图 7.24(b)的充电时间就稍微长,图 7.24(c)的最终达到电压也就稍微增大。图 7.24(d)的放电时间也稍微长,由于时钟根据相同比例慢,所以计数器的值相同。

这个在时钟频率高时也是一样,如果充电中和放电中的时钟频率相同,只要不超过范围,就不过问时钟的精度。

▶ 电阻和电容器的公差

可以说 R_1 和 C_1 与时钟相同。

如果 R_1 是低于设计值的低值,C_1 的充电电流就稍微增多,V 的充电坡度稍微陡,下一个放电周期坡度也就大,计数器值不变。

同样,在 C_1 稍微大于设计值时,充电坡度稍微低部分的放电坡度也平缓,所以 C_1 的公差也不影响精度。

7.6.3　积分电容器要求的条件

"那么,积分电容器是什么样的都可以吗"的疑问多起来,回答是"NO"。实际上,积分电容器是决定电路精度的关键元件,选择也极为重要。

▶ 漏电流必须小

积分电容器所要求的首要条件就是漏电流必须足够小。如果 C_1 有漏电流,电荷就会随着时间消失。在双重积分型,由于一般充电时间和放电时间不同,所以处理时间长的电荷大部分消失,因充电时间和放电时间之间的比例失调而产生误差。

▶ 没有静电容量的电压依存性

下面要求的是电容器的静电容量不在充电和放电时变化。也许会认为"容量会在那么短的时间进行变化?",在高介电常数系列和半导体系列的陶瓷电容器部分中,有静电容量由于电容器需要电压发生大变化的情况。

▶ 电介质必须吸收小

如第 4 章所述,"电介质吸收"是电荷在使电容器放电以后返回的现象。只要是电介质吸收电容器大,电容器充放电的对应性就从根本上消失。

7.6.4　电介质吸收小的电容器选择

在双重积分型 A-D 变频器工作原理项中,为了便于理解,比喻成好似在慢条斯理地工作。而实际的变频器是把表示的误差控制在最小限度,不休息地连续工作。所以,设计时复位所需的时间

(全零时间)也尽可能地成为短的设计。实际上没有图 7.24 的(c)
的区间。

如果发生电介质吸收,充放电的收支就会失调,增大误差。电
介质吸收是根据电容器的结构以及电介质的种类决定的,很麻烦。
图 7.25 把这种现象作为等效电路表示,由于有 R_p 和 C_p,C_p 只是
在电容器短时间短路时仍残留电荷。

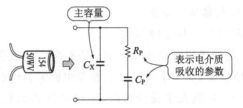

图 7.25 电介质吸收的等效电路

可以说这好像是自行车备用箱随意在电容器里面产生。电介
质吸收因高介电常数系列的陶瓷和聚丙乙烯而变大;相反,小的是
聚丙烯、苯乙烯、云母电容器等。

7.6.5 数字面板仪表实例

ICL7136 是把 3.1/2 位数字面板仪表所必须的输入处理电
路、双重积分型 A-D 变频器、控制器、液晶显示器、驱动器等集成
到 1 个芯片的专用 LSI。图 7.26 表示 IC 的内部结构图。图 7.27
是刊登在 IC 参考资料手册中的参考电路例子。

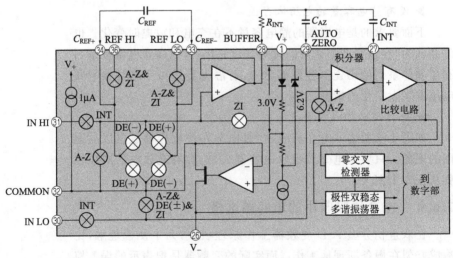

图 7.26 ICL7136 的内部框图

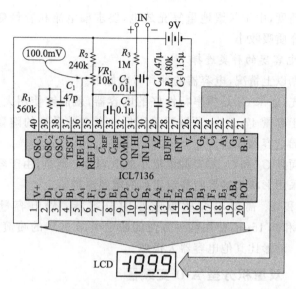

图 7.27　ICL7136 的电路例

▶ **电路的工作和元件的作用**

根据图 7.27 的电路图考虑元件的作用。

R_1 和 C_1 是制作内部时钟自激 RC 振荡器的时间常数。如前面所述,在双重积分型 A-D 变频器中,如果短的充放电周期没有频率误差,则允许一些频率误差。但是,由于时钟的阻抗高,要尽量使用小元件,缩短配线长度,把噪声产生的影响控制在最小限度。

R_2 和 VR_1 是根据恒定电流型参考制作基准电压的电路,通过 VR_1 调整 R_2 的公差。因此,基准电压精度依赖温度系数。

C_2 是为了进行极性处理,临时保持基准电压的电容器。为了减小衰减(因时间产生的电压下降)取大的静电容量,还要注意电容器本身的漏电流。C_2 的基准电压经常是一定的,所以容量误差和电解质吸收不是问题。

R_3 和 C_3 对输入信号形成 $f_c = 16\text{Hz}$ 简单低通滤波器。双重积分型 A-D 变频器由于变换速度慢,频率高的信号成为障碍,所以要从输入信号开始断开高的频率。必须注意,如果滤波器的阻抗高、漏电流大,则关系到误差。为了减小噪声的影响,配线时要尽可能使 R_3 接近 IC。

R_4,C_4,C_5 是双重积分的主要元件,C_4,C_5 分别相当于图 7.23 的 R_1 和 C_1。C_4 还是用于自动调零的保持电容器。C_4 和 C_5 直接

关系到精度,由于频繁地重复充放电,要求漏电流和容量变化小,并且电介质吸收小。

▶ 电容器的种类选择

根据以上情况,电容器的种类考虑如下。

首先,如果 C_1 是频率特性好的电容器,就能够使用大部分种类。由于容量 47pF 小,所以要采用低介电常数系列的陶瓷,或者是苯乙烯电容器。

下面是 C_2 和 C_3 需要漏电流小的电容器。但是,由于容量大,所以要采用形状小的聚脂叠层系列的薄膜电容器。

C_4 和 C_5 需要电介质吸收小的电容器。静电容量大,为 $0.47\mu F$ 和 $0.15\mu F$,使用购买方便的额定电压 50V 的喷镀聚丙烯电容器。外形比其他电容器大很多。

7.6.6　双重积分型 A-D 变频器

双重积分型 A-D 变频器是可以灵活地避开元件误差,进行高精度变换的新方法。在关键的积分电容器中,还需要注意漏电流和静电容量的电压依存性以及电介质吸收。

可以说电介质吸收是一种隐蔽电荷,根据电容器的结构,依存于电介质的材料。在电介质吸收小的种类中,中容量的有聚丙烯电容器;小容量的有苯乙烯电容器和云母电容器。

在图 7.27 的面板仪表的例子中,C_4 和 C_5 相当于这个,由于需要的静电容量大,决定使用喷镀聚丙烯电容器。

7.7　晶体振荡电路的电容器

由于晶体振子可以容易地得到频率精度高的振荡,被用于各种各样的用途。为了高精度、稳定地使晶体振子进行振荡,需要恰如其分的"作法"。这里以使用了 HCMOS 数字电路用的时钟振荡器为例,考虑高频用电容器。

7.7.1　晶体振子的性质

晶体振子是把电极装在切成薄片的晶体板的两面后装在气密组件中。如果对晶体板等压电元件给予电压,就会引起机械变形。晶体是厚度滑动方向的变形。相反,晶体由于机械变形而产生电压。

晶体板上有机械方面决定的振动谐振点,并且电气-机械系列有着密切关系,在附近的频率中,也在电气方面观察了尖锐谐振的现象。

如果在电气方面观察晶体振子,当频率比谐振点低很多、或者是高很多时,晶体振子把晶体作为电介质,只是能在电容器看到。

在谐振点附近的频率中,进行特异的动作。如图 7.28 所示,随着频率的增加,电容器(容性)从 a 点附近开始进行线圈(感性)动作,在 b 点达到峰值。以后马上失去感性,在高于 c 点的频率中,再次恢复到作为电容器的性质。

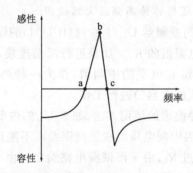

图 7.28 晶体振子的特性

在晶体振荡电路中,当晶体振子成为感性时,尤其是从稳定的 a 点起利用 b 点进行振荡。为了便于说明,图 7.28 扩大了频率轴。而实际的 a 点和 b 点的频率幅度非常窄,并且由于温度稳定,得到了正确振荡频率。

7.7.2 晶体振荡电路的工作

为了进行晶体振子振荡,在外部组合了补偿损失的反馈放大器和晶体振子的负载电容器。图 7.29 使用了 CMOS 系列逻辑 IC 数字电路用的晶体时钟振荡器。为了理解电路,需要模拟的感觉。

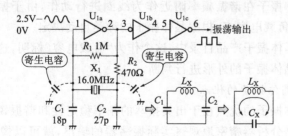

图 7.29 数字电路用的晶体时钟振荡器

▶ π 形谐振电路

晶体振子 X_1 在振荡频率附近作为线圈进行动作。现在把电感作为 L_x。如果从 X_1 的两个端子看到 C_1 和 C_2，就可以看到通过 GND 串接。合成电容 C_x 根据电容器的公式，为

$$C_x = C_1 \cdot C_2 / (C_1 + C_2)$$

这样，L_x 和合成电容 C_x 就构成了并联谐振电路。如同 X_1 和 $C_1 + C_2$ 一样，根据其形状把电容器分成了两部分的电路叫做"π 形谐振电路"。

▶ 把 CMOS 逻辑作为高频放大器使用

在 CMOS 型的变频器 U_{1a}（1/6 74HCU04）的输入端子和输出端子之间连接高电阻值的 R_1。如果进行反馈连接，输入输出的电压就成为 H 电平和 L 电平的中间值，作为一种高频模拟放大器（叫做"变压器阻抗放大器"）进行工作。

为了采用这种模拟的使用方法，如果 U_{1a} 的内部结构不是 1 段的 HCU 型，就会因中间电压的段之间误差而不能正常工作。

U_{1a} 的输出通过 R_2，由 π 形谐振电路给出。由 C_2 给出的能源供给整个 π 形谐振电路，在 C_1 的两端作为谐振波形表现。电压返回到 U_{1a} 的输入端子，U_{1a} 作为振荡放大器工作，在输出中得到由 π 形谐振电路决定的振荡频率 f_0 的输出。f_0 与普通 LC 谐振电路一样，用

$$f_0 = \frac{1}{2\pi \sqrt{L_x \cdot C_x}}$$

求出。U_{1a} 的振荡输出振幅小，为正弦波波形。在用 U_{1b} 和 U_{1c} 进行放大/形成波形的同时，来自负载数字电路的开关噪声倒流到 U_{1a}，以防止振荡不稳定。

7.7.3 晶体振荡电路电容器

晶体振子在谐振频率附近作为线圈进行动作，由于振荡频率特殊化，负载电容 C_x 根据晶体振子的种类自动决定。

在晶体振子产品目录中，这个作为"负载电容"标明，这种值不能根据晶体振子的外形进行判断。

▶ 晶体振子的优点

晶体振子的优点在于出类拔萃的频率稳定性和谐振锐利。如果用频谱分析器精密地观察实际振荡器的输出，就可以像图 7.30 那样知道振荡频率中心 f_0 的周围有多大的幅度。

在图 7.30 中，把信号强度成为 $1/\sqrt{2}$ 的点之间连接起来的频

率幅度设定为 $\triangle f$ 时,像 $Q=f_0/\triangle f$ 那样定义表示谐振灵敏度指
数 Q（Quality 的缩写）。表示 Q 越高,谐振越灵敏,光谱幅度就越
窄,Q 不局限于振荡电路,也经常用于滤波电路。

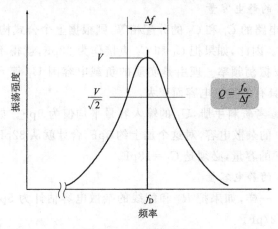

图 7.30　振荡输出光谱

▶ **介质损耗角正切**

把晶体振子组合为理想电容器时的 Q 有数千以上。如图
7.31 所示,越是不能忽视并联电阻部分就越小,相当于 C_x 的电介
质损失的 R_s 一变大,Q 就下降,毁坏了好容易得到的晶体振子的
特性。

首先 R_p 是尽量在实用方面扩大 R_s 的值,还要插入 R_2,取在
C_2 看到的大阻抗。然后,为了缩小 R_s,在 C_1 和 C_2 使用高频损失
少的电容器的同时,把 X_1-C_1-C_2-X_1 之间的连接设定为最短距
离,减小配线损失。特别是在防止杂散电容和噪声混入产生的误
差方面也是有效的。

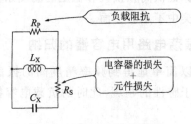

图 7.31　使 Q 下降的原因

7.7.4　电容器的选定

在晶体振子中定义了固有负载电容。曾经用于图 7.29 电路

的晶体振子负载电容为 16pF。因此构成

$$\frac{C_1 \cdot C_2}{C_1 \cdot C_2} = 16\text{pF}$$

▶ C_1 的静电容量

如果电路的 C_1 和 C_2 的分配相等,则根据上个公式构成 $C_1 = C_2 = 32\text{pF}$。因此,如果把 C_1 和 C_2 直接作为 32pF,就得不到正确的 16MHz 振荡频率。理由是实质的负载电容因 U_{1a} 等元件和配线模式所具有的寄生电容而变大。

根据参考资料手册,U_{1a} 的输入容量平均值为 9pF。如果作为配线和 R_1 的杂散电容,对这个加上约 5pF,合计就从 32pF 的值中减去 14pF 的容量,必须是 $C_1 = 18\text{pF}$。

▶ C_2 的静电容量

和 C_1 一样,如果把 R_2 和配线的杂散电容估计为 5pF,C_2 的容量就为 27pF。

但是,C_1 和 C_2 都需要估计计算配线等容量,要想得到正确的振荡频率,就要把 C_1 侧更改为 12pF 的固定电容器和 10pF 的半固定电容器的并联电路,通过调整对齐。

▶ 高频损失

为了不降低 Q,需要在 C_1 和 C_2 使用高频损失低的电容器。根据条件和小的容量值,低介电常数系列的陶瓷、苯乙烯、云母等电容器作为候补列出。

其中低介电常数系列陶瓷电容器的电介质材料种类较多,容量温度系数等特性不同,需要在使用时确认产品可塑性和特性。苯乙烯电容器的基本结构为旋转型,需要选择寄生电感系数小的无感应的产品。

云母电容器保证低高频损失和稳定的温度系数,但价格偏高,并且厂家少也是美中不足的一面。

7.7.5　晶体振荡电路用电容器的归纳

晶体振子可以简单地得到频率精度高的振荡,使用范围广。晶体振子一般用于感性的领域,此时的负载电容根据每个晶体振子决定。

图 7.29 的电路是把 CMOS 系列逻辑 IC 作为高频放大器使用的时钟振荡器,晶体振子 X_1 的负载电容为 16pF。在电路中同等设计了 C_1 侧和 C_2 侧的分压比,并估计了 U_{1a} 的输入电容和 R_1、以及配线的杂散电容,设定为 $C_1 = 18\text{pF}$,$C_2 = 27\text{pF}$。

为了不降低电路的 Q，需要在 C_1 和 C_2 选择高频特性好的产品。在例子中使用镀银云母型电容器，考虑尽可能按 U_{1a} 和 X_1 的最短距离配线。为了严密地符合 f_o，需要与微调电容器并用。

第8章
失败例的收集

前面介绍了电阻和电容器的正确使用方法,本章归纳与元件选择相关的失败例子。

与工作正常的电路相比,失败时的印象较为深刻。当发生故障时,应该立即想到"怎么办呢,这是以前的××的情况"。因此与其按照说明书进行设计,倒不如多经历一些失败获得有价值的经验。

本章根据开头列举的一些笔者的失败例,收集了几个与元件选择有关的故障,请一定放在读者的"数据库"中。

8.1 失败例 1:只要是刮风,电器商店就烦恼

热电偶是利用基于不同种类金属接合的热电动势温度传感器,有不用电源就直接连到机械式表的优点,很早以前就用于计量。

当前,由于高速、高精度的发展,已经电子化的前置放大器和数字化的线性化电路成为主流。由于热电偶的热电动势小,所以需要对噪声进行考虑。

8.1.1 热电偶放大器

图 8.1 是使用 2 个 K 型热电偶,计量 2 点温差的热电偶放大器。但是,2 点间的温差只有 10℃左右,热电动势的差在为 $400\mu V$ 左右时非常低。所以在热电偶放大器中,对补偿电压和同相噪声进行考虑,把斩波稳定型 OP 放大器作为差分式使用。

8.1.2 发生故障

由于信号电压非常小,在反复进行了多次参数计算后,制作了试制基板。领悟了一定程度的困难,如果实际上进行测试,仍然是不好。首先会看到计算值数倍的补偿电压,并且漂移(drift)大,结果是数 Hz 以下的噪声大。

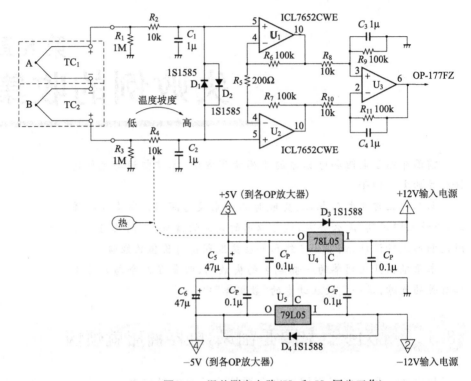

图 8.1 温差测定电路（U_1 和 U_2 同步工作）

由于考虑到症状是 OP 放大器特有的,所以进行了 IC 研究,但是没有任何改善。

8.1.3 只要是刮风……

同事同情地来到了我所在的地方,发现了问题的线索。他说"进行了保护二极管的遮光了吗?",可是,光电动势对策从一开始就采用了。现在重要的是找到了输出变化的问题,也就是由于风的原因,输出变动大。

此时,OP 放大器为了测试温度偏差,用餐巾纸裹起来,热电偶的输入输出端子进行了短路。那么,如果有输出因风发生变化,就一定是没有盖住滤波器部分的原因。

8.1.4 发现故障的原因

在确认了输入滤波器的时候,终于发现了 R_4 是补偿和漂移的原因。实际上是由于 C_1 和 C_2 的大小关系,基板上的 R_2 和 R_4 处于脱离位置,在 R_4 的 C_2 侧配置了 OP 放大器用 3 端子调节器

(U_4, U_5),在 R_4 的两个端子之间产生温差。

$R_1 \sim R_4$ 的电阻使用普通厚膜型金属保护膜电阻。如果仔细想一下,由于电阻和电极帽是不同金属,必然要产生热电偶那种热电动势。当然,如果电阻两端的温度相同就会相抵,像本次一样,只要产生温差就恶化。

现在试一下,只要用扇子扇,温差就减小,补偿也就变换到小的一方。如果更换手头的电阻器后测试,电动势就根据种类产生很大不同。如果拆下发热的调节器,从外部供给电源,补偿电压和伴随那个的漂移就几乎消失。

其次是低通噪声,通过以后确认得知,R_1 和 R_3 与此有很大关系。电阻值也过高,但通过改变电阻种类,噪声减少了很多。

8.1.5 故障对策

关于补偿和漂移,在尽量避开温度坡度,取2个输入热平衡或电气平衡的同时,使用热电动势和噪声小的电阻种类就是最好对策。

所以,只是把节省了调节器的输入放大器部分改为其他的基板。

在新基板电阻器采用电极之间距离短、在前面测试中取得好成绩的薄膜型金属保护膜电阻。R_1 和 R_3 的电阻值从减轻噪声和电阻值范围变更到 100 kΩ。

在对 C_1 和 C_2 使用下部间距窄的同时,还要在模式上下工夫,尽量配置使 R_1 和 R_3 的对,R_1 和 R_4 的对配置接近,并且尽力避开从各输入端子到各 OP 放大器的输入通孔,使其数量和模式完全对称。

由于对策有价值,新的电路补偿和漂移及噪声就要落实到当初预定的值,重新感到了"事实比教科书的神奇"。

8.2 失败例2:注意额定电压

示波器虽说是电子技术者的必需品,曾经是高岭之花,今日 100MSPS 程度的 DSO 即便是个人水平(如果是勉强的话)也能买得起。

在光探测器及直流电流探测器等示波器用的特殊附属品中,有的价格仍然很高。

8.2.1　高压探测器

有一天,想要测试 15kV 级的高压脉冲发生器的时候,注意到手头的测定器不能使用的情况。在看 T 公司示波器产品目录时,发现有注入氟利昂系列溶剂后,可以测定到 40kV 的 1000∶1 的高压探测器。当然,现在改变为不使用氟利昂系列溶剂的机器种类。

此次的波形测定需要 1MHz 程度的−3dB 频带,这种探测器的−3dB 频带在 DC～70MHz,是受冷落的产品。可是价格却另人吃惊,比普通型的示波器高许多。

好容易找到的 DMM(数字万用表)用高压衰减器,由于是用于观测商用频率的,所以担心频率的特性是否好。

8.2.2　自制高压探测器

由于以上原因并考虑到使用的需要,决定用现有的元件自己做一个。

图 8.2 表示该电路。100 MΩ 的高电阻为手头的元件盒子,把 10 个 10 MΩ 的碳膜电阻串起来(R_1～R_{10})。20kV 的脉冲负载比尽可能是 5％。消耗功率如果是 100 MΩ,则整体大约为 1W,平均每个电阻为 0.1W,即便是 1/4W 也没问题。示波器的输入电阻为 1MΩ,用 R_{11} 和 VR_1 调整就能得到 1000∶1 的分压比。

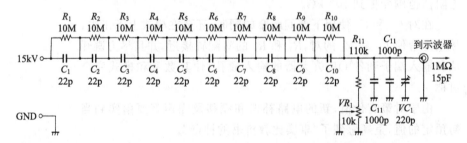

图 8.2　自做的 1000∶1 电压探测器

同样,由于仓库里有 22pF/2kV 的高压陶瓷电容器,这也是把 10 个(C_1～C_{10})串起来,合成 2.2pF/20kV 的电容器。示波器的输入电容约为 15pF,连接电缆的静电容量约为 23 pF,通过 C_{11}、C_{12}、VC_1 进行简单的相位补偿。

封装是在切成细长的原基板放上块滑石制端子,用天线组成上述电路。

校正使用自制的 100Vp-p 方波发生器,并用普通的 10∶1 探测器。自制的波形发生器虽然多少有一些因杂散电容产生的噪声,但还是简单地得到了正常波形。

8.2.3 忘记了额定电压

正在得意"原来如此简单"的时候,由于连到了高压脉冲发生器,啪啪的小火花飞散,示波器的辉线不知去了何处。不知道是什么原因,楞了一会儿,在进行探测器单体测试时,明白了是 $R_1 \sim R_{10}$ 的端子之间飞出的火花。

经过冷静的思考,认为飞出火花是必然现象,因为每个电阻都需要 1.5kV 的电压,所以远远地超出了碳膜电阻的额定电压。

8.2.4 元件还是专卖店的好

好容易冷静下来后,直奔电阻专卖店购买了 $100k\Omega \pm 5\%$,耐压 20kV 的高电压高电阻型金属膜电阻,重新制作了探测器。此时用几层厚的硅系列热收缩管遮住电阻,在上面粘贴图 8.3 那种铜箔圈,代替 $C_1 \sim C_{10}$,根据波形调整了 C_{11} 和 C_{12} 的值。

此时也只是注意了电阻的承受功率,却忘记了与这个独立的耐电压参数。

在事情过去一年后,迫于相同电路测定的需要,明智地购买了厂家生产的高压探测器。

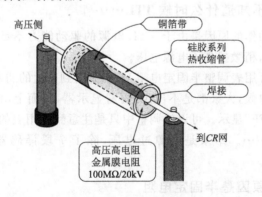

图 8.3 使用高电压高电阻型金属膜电阻

8.3 失败例 3:TTL 全部报废

以前在高校学院庆典时共同制作过大钟。可以说当时逻辑IC 已经普及了标准 TTL。用 TTL 制作计数部,可是,只是凑齐表示用的红灯就用尽了预算, 外围的灯用继电器和驱动用晶体管等只能是依靠废品。

TTL 电源也不例外, 是使用了半新不旧元件的图 8.4 那样的分立式结构。电路按专业进行各单元制作。把各单元连接起来一试, 在时间的进位时, 除了经常产生错误动作以外, 都能正常动作。

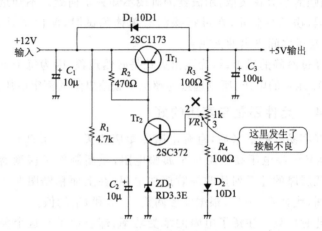

图 8.4 分立构成的稳定电源

8.3.1 不知道什么时候 TTL……

错误动作的原因是由于 TTL 电源的驱动能力不足产生了电压降, 所以, 稍微提高了电源电压。

看着万用表调整半固定电阻 VR_1, 只听到旁边的朋友说"这样怎样?"的时候, 大家都是不出声, 再看显示器, 画面上出现了不常见的"FF:FF"显示。可以说调整中只是注意到万用表的针在不自然地摆动……。结果是电源过电压, 除了 7 段译码器外, 全部 TTL 报废。

8.3.2 原因是半固定电阻

半固定电阻 VR_1 是在烘干板上印刷了碳膜系列电阻的价格便宜的露出型, 再次利用了在其他实验用过的元件, 铆接的部分有些松动。

以后, 利用借来的示波器边监视电源, 边转动看 VR_1, 电阻的转动位置好像有故障, 发生了接触不良, 滑动片在电气上浮起。

在图 8.4 的电路中, VR_1 的 2 个端子只要是浮起, TR_2 就完全变为 OFF, TR_1 全开, 所以, 出现接近输入电压 12V 的电压, 纵使是短时间,最大额定电压只有 7V 的 TTL 一会儿也支持不了。

8.3.3 经常考虑安全装置

现在一般使用价格便宜的 3 端子调节器和开关电源,前面所述的电路只有在教学时才能看到。我认为这种失败的例子也是对其他电路留下的教训。

例子的问题点除了使用半新不旧的元件外,也有在电路中使用半固定电阻的方法问题。假如说,即便是使用好的半固定电阻,由于有关冲击等滑动片(2 号)端子的可靠性不如其他端子好,所以,为了防止万一滑动片浮起,在可靠性电路中进行了有关机器安全的设计。例如,图 8.4 的电路可以根据安全装置的思想像图 8.5 那样修改。

在图 8.5 的电路中,由于绝对型使用 VR_1,半固定电阻的旋转角和输出电压不处于线性关系,需要在设计时考虑半固定电阻公差。在万一滑动片浮起时,输出电压也能够向低变化,不会对负载造成伤害。

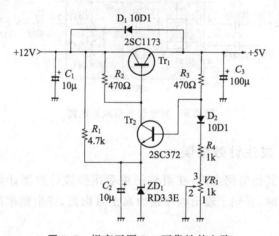

图 8.5 提高了图 8.4 可靠性的电路

8.4 失败例 4:高频的旁路电容器

最近,由于卫星广播和移动电话的需要,正在进行半导体工艺微细化,如果是小信号用,即便是 GHz 频带的设备,也可以与普通相同的价格买到。

另一方面,在个人计算机的世界,数百 MHz 的 CPU 时钟也是一样,电源(信号)也进行了低电压化。相反,在今日不成为问题的元件电感和个人计算机因高频特性产生的故障突出,再一次需要高频模拟知识。

8.4.1 前置频率倍减器

图 8.6 是用于 1.9GHz 频带的 PLL 信号发生器使用的前置频率倍减器的电路图。在这种高频率中,普通 PLL 用可编程序计数器不工作,而是把 ECL 等前置频率倍减器连接在前段后分频。

这种例子的分频比为 1/256,例如,1.920GHz 的输入信号分频为 75.00MHz 后输出。在前置频率倍减器 IC 中,输入输出使用中间电位的自旁路,需要直流断开的电容器 C_1,C_3。同样也要在补偿电压用端子中插入电容器 C_2。

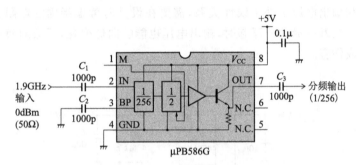

图 8.6 前置频率倍减器电路

8.4.2 发生计数错误

包括其他电路在内,在组装结束后用微波计数器计量(平均)振荡频率时,看到了输出频率稍微高出目标值,寄生频率的也多的情况。

当初怀疑 PLL 的主计数器和环路滤波器。在追踪信号的过程中,观察到前置频率倍减器好像经常进行错误计数。

8.4.3 计数错误的原因推测

如果超过 1GHz,示波器就不进行波形观测。即便是简单电路,高频方面也有许多值得怀疑点。但这种场合一看就知道前置频率倍减器的电源好像有问题,这是由于指示不到位,在旁路电容器安装了与其他部分相同的分立 $0.1\mu F$ 叠层陶瓷电容器(高介电常数系列),并且其位置和模式拉回好像在频率中有困难(图

8.7)。

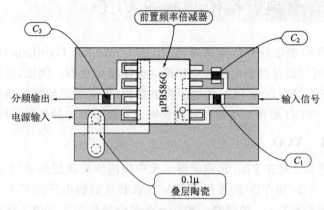

图 8.7 基板前置频率倍减器

做一下试验,只要使镊子接触 IC 电源引线,输出频率就变化。

8.4.4 对高频追加了高频旁路电容器

如图 8.8 所示,在 IC 的电源和 GND 的元件之间,按照最短距离附加 1000pF 低介电常数系列片状电容器的时候,错误动作完全停止。

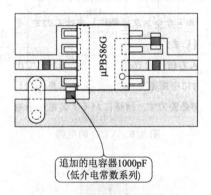

图 8.8 追加高频旁路电容器

如第 4 章所述,现实的电容器阻抗不是随着频率的增加而变低,而是在超过折回点以上时反增加,这是由于导线等电感所决定的。高频特性好的高介电常数系列陶瓷电容器也不例外。

在没有导线,并列追加电介质好的低介电常数系列片状电容器时,虽然静电容量自身小,但电源的阻抗可以降低,防止错误动作。

8.5 失败例 5：也是近接传感器的 VCO

VCO 是电压控制振荡器(Voltage Controlled Oscillator)的缩写,是可以通过控制电压改变频率的振荡器的总称。例如,电视摄像机正在进行组合 PLL 的电子调谐器化,里面的局部振荡器使用 VCO。VCO 根据可变范围和稳定度以及频带有各种各样的形式。

8.5.1 VCO

图 8.9 是在 PLL 式调谐器试验中使用的局部振荡器用 VCO 电路。VD_1 和 VD_2 两种可变容量二极管所需的电压是可在宽频率范围振荡的 LC 振荡器。实际上此部分是借用在其他工作中使用的基板观察是否保证工作。即便是用 VC_1 调整中心频率,中心频率也因一些情况进行轻微飘动。

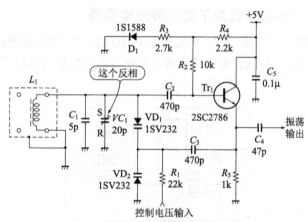

图 8.9　VCO 的电路

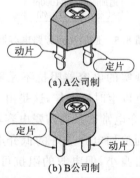

图 8.10　各厂家的端子差异

8.5.2　成为近接传感器的 VCO

我虽然认为"PLL 和相性不好",但还是在确认相位检测器时,与同事一起靠近观测基板并解决了问题。

此时处于笔者视线角的示波器辉线快速上升。这是示波器连接到了环路滤波器,所以 VCO 成了近接传感器。

━━━━━ 专栏 ━━━━━━━━━━━━━━━━━━━━━━━━━━━━━━━━━━━━━━━

苯乙烯电容器

设计技术人员往往只是注意电子元件的电气特性,要想实际制作基板和装置,也需要理解与元件相关的机械性质和化学反应。

这种失败例不仅是电气方面的问题,还是由于多方面不懂得元件特性才遭到失败的典型例子。

▶ 苯乙烯电容器全部报废

苯乙烯电容器电气特性好,价格便宜,是从业余无线电爱好者的时代就开始使用较多的电容器。笔者进入到现在的公司后,马上就设计了滤波器电路,有时还设想使用苯乙烯电容器。

基板做好后就进行焊接,到作完 1 块样品基板,从头到尾没有遇到任何问题。可是,另人吃惊的是,在接收委托其他公司制作的最初 20 块基板时,基板上的苯乙烯电容器全部融化或者是裂开,几乎都失去了原来的形状。

▶ 苯乙烯电容器的问题

由于在业余无线电爱好者的时代没有基板外加工情况,不知道最初发生了什么情况。只要是跟踪制作工艺,就会明白是自己指示的错误。

基板是浸入到焊接槽以后成批焊接的,苯乙烯树脂大约为 85℃时变软。此时导线根部的树脂包装受损或者变形。

已经焊接完毕的基板导线断开,朝着冲洗方向。聚四氟乙烯系列溶剂作为破坏当前臭氧层的坏家伙是有名的,当时是毒性低、冲洗性好的优等生。可是,苯乙烯树脂容易在聚四氟乙烯和有机溶剂中融化,破坏了苯乙烯电容器。更加糟糕是为了提高冲洗性,同时使用超音波。这不但促进了树脂溶解,而且硬、脆的苯乙烯树脂也有产生断裂或裂纹的可能性,加速了破坏速度。

由于成套提出这三个坏条件,苯乙烯电容器一会儿也支撑不住。此时,在祈祷保佑苯乙烯电容器的同时,发誓"再也不犯相同的错误"。

▶ 现在

此时急忙订购了温度补偿型陶瓷电容器,才算是平安无事。在当前不太使用电气特性及成本好的苯乙烯电容器的背景下,外形的大小也存在这种安装性问题。

当然,现在环境好的洗净剂和无洗净化已成为主流,也有环氧树脂外形包装型的产品。包括苯乙烯电容器在内,在耐热性差的薄膜电容器的封装中也是说得过去的。

8.5.3 陶瓷微调电容器的极性因厂家而不同

我对满脸困惑的同事道谢,又重新使手指靠近基板进行确认的时候,明白了 VC_1 就是故障的根源。

VC_1 的动片和定片的关系与基板上的丝网图相反。临界的 C_2 连到兼顾动片和密封的金属箱,将此作为近接电极工作。

原因不是基板和封装错误,是引脚(pin)的配置因厂家而不同。由图 8.10 看出,两个陶瓷微调电容器的外观相似,可是 A 公司产的缺口侧为动片,B 公司产的缺口侧为定片。自发生这种故障以来,对记忆能力无自信的我,决定一定在封装陶瓷微调电容器时进行极性确认。

参 考 文 献

[1] 串間努；「子供の大科学」, 1997, 光文社文庫

[2] シャープ㈱ LT-015MD 仕様書 (1983 年 11 月)

[3] 蘇利明/竹田俊夫；ハードウェア・デザイン・シリーズ①「わかる電子部品の基礎と活用法」, p.21, p.25, p.27, pp.38〜39, p.51, pp.54〜55, pp.57〜58, p.60, p.64, 第4版 (1998), CQ出版㈱

[4] トランジスタ技術編集部編；ハードウェア・デザイン・シリーズ⑤「わかる電子回路部品 完全図鑑」, pp.4〜7, p.11, pp.24〜28, 第2版 (1998), CQ出版㈱

[5] (社) 日本電子機械工業会, 電子パーツ・カタログ 1999/2000

[6] KOA ㈱, 総合カタログ

[7] 進工業㈱ 薄膜チップ抵抗器カタログ

[8] 多摩電気工業㈱, 総合カタログ

[9] ニッコーム㈱, 金属板形抵抗器/巻線形固定抵抗器総合カタログ

[10] アルファ・エレクトロニクス㈱, 金属箔抵抗器抵抗器カタログ

[12] ㈱ピー・シー・エヌ, 総合カタログ

[13] 日本ビシェイ㈱, 総合カタログ

[14] ㈱日本抵抗器製作所, '99 総合カタログ

[15] JIS ハンドブック「⑧電子」, 1984, (財) 日本規格協会

[16] 東京コスモス電機㈱, 総合カタログ

[17] 帝国通信工業㈱, 総合カタログ

[18] ツバメ無線㈱, 総合カタログ

[19] 栄通信工業㈱, 総合カタログ

[20] ㈱緑測器, 2000 プレシジョン・ポテンショメータ・カタログ

[21] 松下電子部品㈱機構部品事業部, 可変抵抗器カタログ

[22] ビーアイ・テクノロジージャパン㈱, プレシジョンポテンショメータ/トリミング・ポテンショメータ・カタログ

[23] 日本電産コパル電子㈱, トリマポテンショメータ・カタログ 2000

[24] ビーアイ・テクノロジージャパン㈱, RC ネットワーク・カタログ VOL1/2

[25] ㈱アイレックス, VME バスターミネータ・カタログ

[26] 進工業㈱ SIP 型薄膜集合抵抗器カタログ

[27] 岡村廸夫；「定本 OP アンプの設計」, pp.140〜143, p.147, 第12版 (1997), CQ出版㈱

[28] 岡村廸夫；「解析ノイズ・メカニズム」, 第11版 (1997), CQ出版㈱

[29] 「科学画報」, 1928年1月号, 誠文堂

[30] 国立天文台編；「理科年表」物理科学部, 丸善㈱

[31] 片岡俊郎ほか；「エンジニアリングプラスチック」, 10刷 (1997), 共立出版㈱

[32] "CAPACITOR",Donald M. Trotter,SCIENTIFIC AMERICAN,July/1988

[33] 松島学；アルミ電解コンデンサの正しい使い方，トランジスタ技術，1995年6月号，CQ出版㈱

[34] 双信電気㈱，電子コンポーネント 2000 カタログ

[35] 京セラ㈱，チップ・コンデンサ・カタログ

[36] TDK㈱，チップ・コンデンサ・カタログ

[37] ㈱指月電機製作所，コンデンサカタログ 2000

[38] 日本ケミコン㈱，総合カタログ

[39] ニチコン㈱，総合カタログ

[40] エルナー㈱，総合カタログ

[41] 三洋電機㈱，OS コンデンサ・カタログ

[42] 松下電子部品㈱コンデンサ事業部，93/94 電解コンデンサ・カタログ

[43] ㈱村田製作所，セラミック・トリマ・カタログ

[44] 京セラ㈱，積層セラミックチップトリマーコンデンサ・カタログ

[45] ㈱東芝，LED ランプ・カタログ '92

[46] テキサス・インスツルメンツ・アジア・リミテッド，The Bipolar Digital Integrated Circuits Data Book 1st Edition, CQ 出版㈱

[47] ㈱東芝，ハイスピード C2MOS データ・ブック 1991

[48] Fooks/Zakarevicius,"Microwave Engineering Using Microstrip Circuits"-Prentice Hall

[49] フェアチャイルド・ジャパン㈱，1982 LINEAR DIVISION PRODUCTS

[50] Precision Monolithics Inc（現National Semiconductor Co.PMI division),Analog Integrated Circuits Data Book Volume 10

[51] 三宅和司；はんだごてコントローラの思い出，トランジスタ技術，1997年2月号，CQ出版㈱.

[52] 松下電池工業㈱，電池総合カタログ '91

[53] 浜松ホトニクス㈱，フォトダイオード・カタログ '96

[54] National Semiconductor Corporation,FACT Advanced CMOS Logic Databook

[55] National Semiconductor Corporation,Linear Databook 1 -rev.1

[56] 岡村迪夫；「SPICE によるトランジスタ回路の設計」，第2版 (1994)，CQ 出版㈱

[57] インターシル社（現 GE インターシル社），半導体総合カタログ 1982

[58] ㈱東芝，スタンダード C2MOS データ・ブック 1992

[59] 畔津明仁；「ハード設計ワンランクアップ」，第4版(1997)，CQ 出版㈱

[60] キンセキ㈱，'99 総合カタログ

[61] ㈱大真空，'99 総合カタログ

[62] マキシム・ジャパン㈱，フルライン・データカタログ 1999 年度版バージョン 3.0

[63] ソニー・テクトロニクス㈱，総合カタログ 1999 年度版

[64] NEC 半導体応用技術本部，民生用高周波デバイス・データブック 1993/1994